Brennstoffzellen im Unterricht

Cornelia Voigt, Stefan Höller, Uwe Küter

H2YDROGEIT
Verlag

Brennstoffzellen im Unterricht

Grundlagen, Experimente, Arbeitsblätter

Cornelia Voigt, Stefan Höller, Uwe Küter

Mit 77 Abbildungen und 21 Tabellen

H2YDROGEIT
Verlag

Bibliografische Information der Deutschen Bibliothek:
Die Deutsche Bibliothek verzeichnet diese Publikation in der Deutschen Nationalbibliografie; detaillierte bibliografische Daten sind im Internet über http://dnb.ddb.de abrufbar.

Besuchen Sie auch: **www.hydrogeit-verlag.de, www.h-tec.com**

2. Auflage

ISBN 978-3-937863-09-2

Herausgegeben vom Hydrogeit Verlag, 16766 Kremmen, Germany, 2007
Druck: QuickPrinter GmbH, Overath
Titelgestaltung und Buchsatz: Dipl.-Des. Andreas Wolter, Weimar

säure-, holz- und chlorfreies Papier, alterungsbeständig nach ISO 9706

VORWORT

Die Brennstoffzelle wandelt einen Brennstoff direkt in elektrische Energie und Wärme – ohne den Umweg über die Dampferzeugung, die Turbine und den Generator, wie in typischen Kraftwerken üblich. Bevorzugter Brennstoff allerdings ist Wasserstoff, einer der wenigen Energieträger, die an einem Platinkatalysator bereits bei Raumtemperatur mit ausreichender Geschwindigkeit reagieren. So ist die Brennstoffzelle untrennbar mit der Wasserstofftechnologie verbunden und die Diskussion, woher der Wasserstoff für den Brennstoffzellenprozess kommen kann, nimmt zurzeit breiten Raum ein. Noch steht nicht genügend regenerative Energie zur Verfügung, so dass für erste Brennstoffzellen-Prototypen der Wasserstoff aus fossilen Energieträgern stammt.

Das Buch „Brennstoffzellen im Unterricht" gibt eine Einleitung in diese Thematik, hauptsächlich jedoch wird die Brennstoffzelle anschaulich erklärt. Das Buch ist Bestandteil eines Lehrsystems, das Experimente zur Wasserstofferzeugung aus Solarenergie und der Nutzung von Wasserstoff in Brennstoffzellen ermöglicht. Mit diesem Experimentalsatz und dem vorliegenden Buch ist eine Einführung in eine der wichtigen Zukunftstechnologien gelungen. Spielerisch können die theoretischen und praktischen Grundlagen gelernt werden und Grenzen und Möglichkeiten der Technologie erfahren werden.

Als High-Tech-Gesellschaft brauchen wir technologiebegeisterte Menschen. Sie sind die Basis für die Innovationsfähigkeit Europas. Das Unterrichtsmaterial zum Thema Brennstoffzellentechnologie leistet einen Beitrag zu einem interessanten Physik- oder Chemie-Unterricht durch gute graphische Präsentationen und plausibel beschriebene Experimente.

Prof. Dr. rer. nat. Angelika Heinzel,
Leiterin des Zentrums für BrennstoffzellenTechnik ZBT gGmbH
Duisburg

INHALT

0 Einleitung

0.1. HINWEISE ZUR BUCHBENUTZUNG

Das vorliegende Buch ist dreigeteilt:

Der **erste Teil** des Buches beschreibt die ***Grundlagen*** der Brennstoffzellen-Technologie.

Im **zweiten Teil** werden ***Experimente*** zur Solarzelle, Elektrolyse und Brennstoffzelle beschrieben. Zur Veranschaulichung der Experimente sind sowohl die Werte als auch die Ergebnisse der Versuche exemplarisch aufgeführt. Die Berechnungen sind mit Beispielwerten durchgerechnet worden, damit alles gut nachvollziehbar und verständlich ist.

Der **dritte Teil** umfasst eine große Anzahl von ***Arbeitsblättern***:

3.1. Die Unterrichtsvorlagen fassen die wichtigsten Aussagen zum jeweiligen Thema zusammen.

3.2. Die Lehrer-Arbeitsblätter bestehen aus gezielten Fragen mit dazugehörigen Antworten.

3.3. Die Schüler-Arbeitsblätter wiederholen die Fragen der Lehrer-Arbeitsblätter. Die Antworten sind nicht dabei. Für eine Wissensabfrage können diese Blätter einfach kopiert und ausgehändigt werden.

3.4. Die Experimentier-Arbeitsblätter für die Sekundarstufe 1 sind Arbeitsanleitungen zur Durchführung von Experimenten. Sie beinhalten Anweisungen zum benötigten Versuchsmaterial, zu Aufbau, Durchführung und Fragen zur Auswertung. Die Experimentier-Arbeitsblätter sind stark an Teil 2 (***Experimente***) angelehnt.

3.5. Die Experimentier-Arbeitsblätter für die Sekundarstufe 2 sind wie 3.4 aufgebaut. Die Versuche sind aber etwas umfangreicher.

Die gesamten Vorlagen können durch Kopieren oder Herunterladen aus dem Internet (www.h-tec.com) als Arbeitsblätter genutzt werden.

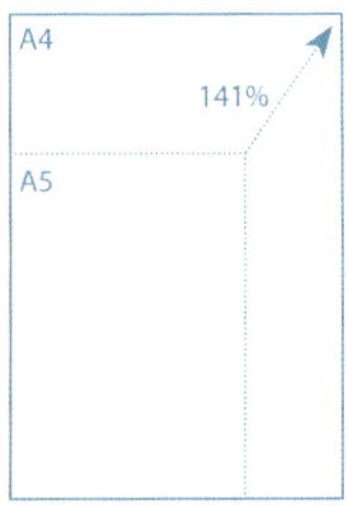

Bitte senden Sie uns Ihre Meinung. Wenn Sie Anregungen oder Kritikvorschläge haben, schicken Sie bitte Ihre E-mail an: *fcbook@h-tec.com*

0.2. ERNEUERBARE ENERGIE

Nutzung erneuerbarer Energie durch Solarzellen, Windkraftanlagen und Wasserkraftwerke.

Abb. 1 | Sonnenergie

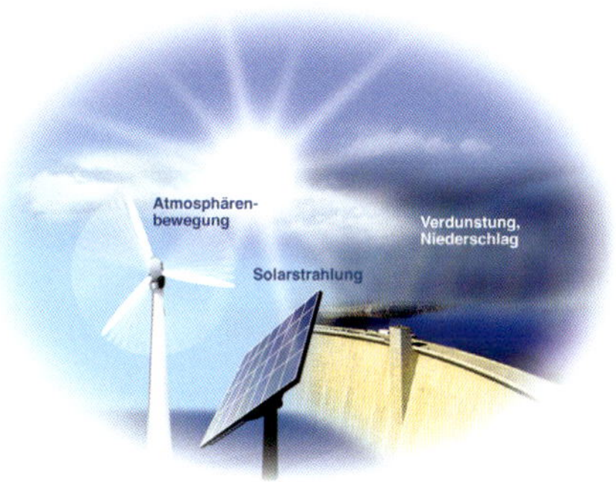

Regenerative Energien werden durch natürliche, so genannte *Primärenergiequellen* ständig erneuert. Sie sind somit für den Menschen nahezu „unerschöpflich". Zu den Primärenergiequellen zählen:

- Sonnenenergie
- Gezeitenenergie
- Geothermie

SONNENENERGIE – Kernfusion in der Sonne: Umwandlung von Wasserstoffatomen in Heliumatome

Die Sonnenenergie tritt auf der Erde durch natürliche Energieumwandlungen in verschiedenen Formen auf, wie z. B.:

- Solarstrahlung (Photovoltaik, Solarthermie)
- Windkraft aus Atmosphärenbewegung
- Wasserkraft aus Verdunstung/Niederschlag
- Biomasse aus Photosynthese

Auch die fossilen Energieträger sind letztendlich nur gespeicherte Sonnenenergie. Im Gegensatz zu regenerativen Energien werden sie jedoch nicht in menschlichen Zeiträumen erneuert, sondern es bedarf vieler Millionen Jahre für ihre Entstehung. Die heute am häufigsten eingesetzten Energiewandler für regenerative Energien sind Solarzellen (s. Kap. 0.2.1), Windkraftanlagen (s. Kap. 0.2.2) und Wasserkraftwerke (s. Kap. 0.2.3).

GEZEITENENERGIE – Gravitationswechselwirkung von Erde und Mond

Gezeitenkraftwerke nutzen die durch das Sinken oder Steigen des Wasserspiegels entstehenden Strömungen bei Ebbe und Flut.

GEOTHERMISCHE ENERGIE – Radioaktivität im Erdinnern

Mit zunehmender Tiefe steigt die Temperatur an. In geothermischen Anlagen wird die Wärme aus der Tiefe zu Heizzwecken oder zur Erzeugung elektrischer Energie (Dampfturbine) genutzt.

0.2.1. SONNENENERGIE

Der Begriff *Photovoltaik* bezeichnet die direkte Umwandlung von Lichtenergie in elektrische Energie durch Solarzellen.

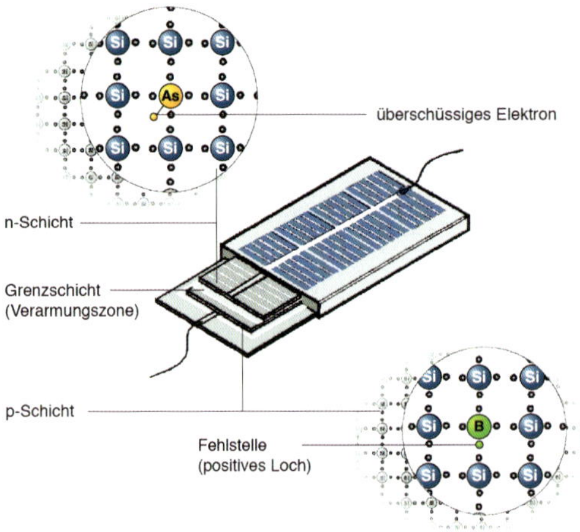

Abb. 2 | Prinzip der Solarzelle

Grundlage dieser Technik sind so genannte *Halbleitermaterialien* (z. B. Silizium).

Eine Solarzelle besteht aus zwei verschieden dotierten Halbleitern. *Dotieren* nennt man das bewusste, kontrollierte Verunreinigen von Halbleiterkristallen. Dazu wird der vorher erzeugte hochreine Kristall mit Atomen versetzt, die im Vergleich zum Ursprungskristall ein *Valenzelektron* (Elektronen, die für die chemische Bindung verantwortlich sind) mehr oder ein Valenzelektron weniger besitzen.

Haben die Fremdatome auf der äußeren Schale ein zusätzliches Elektron, spricht man von *n-Dotierung* (negative Dotierung). Im umgekehrten Fall, wenn das Fremdatom ein Valenzelektron weniger als der Kristall hat, handelt es sich um eine *p-Dotierung* (positive Dotierung). Auf diese Weise entstehen n- und p-leitende Substanzen (ein n-Leiter ist elektronenleitend, ein p-Leiter ist löcherleitend). Entweder sind dann die Elektronen oder die Löcher für die elektrische Leitung verantwortlich. Strom selbst ist nichts anderes als bewegte Ladungen.

Bringt man einen p- und einen n-Leiter zusammen, entsteht ein *pn-Übergang*. Dies ist die Schicht, in der sich die Leiter berühren. Jede Seite für sich betrachtet ist elektrisch neutral, denn es gibt immer genauso viele Elektronen wie Protonen. Weil positive und negative Ladungen sich aber anziehen, bildet sich am pn-Übergang ein Bereich, in dem die freien Elektronen die freien Löcher besetzen. Diese Schicht, die fast frei von Ladungsträgern ist, nennt man *Verarmungszone*. Es bleiben also im n-Bereich positive und im p-Bereich negative Ladungen zurück. Auf diese Weise entsteht eine innere elektrische Spannung, die man als Diffusionsspannung bezeichnet. Sie ist von außen nicht abgreifbar.

Wird die Solarzelle beleuchtet, entstehen durch den so genannten *inneren Photoeffekt* weitere Ladungsträgerpaare, die das vorherige Gleichgewicht stören. Die Elektronen der Ladungsträgerpaare werden durch die Diffusionsspannung aus dem p- in das n-Gebiet gezogen. Die Löcher wandern aus dem n- in das p-Gebiet. Jetzt liegt eine äußere Spannung an der Solarzelle an. Dies ist die Leerlaufspannung. Eine Siliziumsolarzelle hat eine Leerlaufspannung von ca. 0,5 V. Sie ist nicht von der Fläche der Solarzelle abhängig. Höhere Spannungen können durch eine Serienschaltung einzelner Zellen erreicht werden.

Der Strom ist proportional zur Intensität des einstrahlenden Lichts. Eine Erhöhung des Stromes kann durch Parallelschaltung der Zellen erreicht werden.

Für Solarzellen wird als Grundmaterial meist Silizium eingesetzt. Es wird unterschieden in:

1 – monokristallines Silizium (Zellenwirkungsgrade: ca. 17 % - 20 %)
2 – polykristallines Silizium (Zellenwirkungsgrade: ca. 14 % - 16 %)
3 – amorphes Silizium (Zellenwirkungsgrade: ca. 5 % - 7 %)

0.2.2. WINDKRAFT

Windkraft wird schon seit Jahrhunderten genutzt. Früher wurde mit Windmühlen die Kraft des Windes in mechanische Energie umgewandelt. Heute wandelt man die Windenergie mittels Windkraftanlagen in elektrische Energie um.

Die wichtigsten Komponenten einer Windkraftanlage sind:

Fundament Es sorgt für die ausreichende Verankerung der Anlage im Boden.

Mast Er besteht meistens aus Stahl und/oder Beton, Höhe: 10 bis 120 m, in Zukunft noch höher.

Gondel Sie bildet den Rahmen für den Generator, das Getriebe und anderes Zubehör.

Rotor Er wandelt mit Hilfe eines oder mehrerer Rotorblätter die im Wind enthaltene Energie in eine mechanische Drehbewegung um. Die Rotorwelle verbindet Rotor und Getriebe.

Getriebe Es übersetzt die geringe Drehzahl des Rotors auf die notwendige höhere Drehzahl für den Generator. Es gibt auch Windkraftanlagen, bei denen kein Getriebe zwischen Rotor und Generator benötigt wird.

Generator Er wandelt mechanische in elektrische Energie um.

Kommerzielle Windkraftanlagen haben Gesamtwirkungsgrade von 35 % bis 43 %. Die größten Verluste treten am Rotor auf. Er gibt nur 45 % bis 50 % der Windenergie weiter. Am Getriebe treten durch Reibung ca. 2,5 % Verluste auf. Am Generator kommt es dann nochmals zu ca. 5 % elektrischen Verlusten.

Abb. 3 | Aufbau der Gondel einer Windkraftanlage

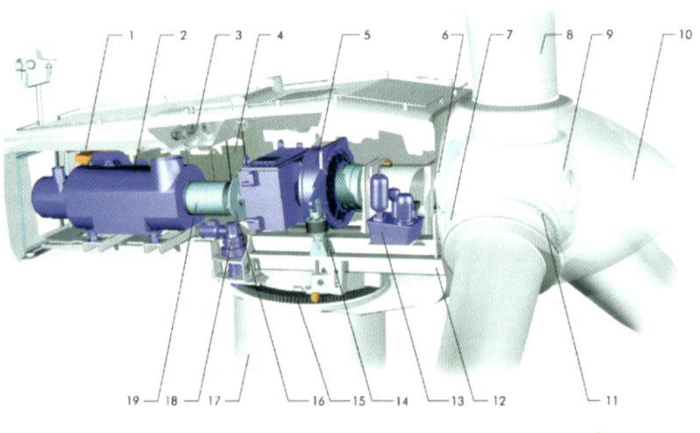

WINDKRAFTANLAGE

1. Servicekran
2. OptiSpeed™ Generator
3. Kühlsystem
4. VMP Topsteuerung
5. Getriebe
6. Hauptstrang
7. Rotorarretierungssystem
8. Rotorblatt
9. Rotornabe
10. Rotornaben-Haube
11. Rotorblattlager
12. Grundrahmen
13. Hydraulikstation mit Konverter
14. Drehmomentenstütze
15. Drehkranz
16. Bremse
17. Turm
18. Azimutgetriebe
19. Verbundkupplung

0.2.3. WASSERKRAFT

Die Sonne hält den natürlichen Wasserkreislauf der Erde in Gang. Das für die Nutzung der Wasserkraft zur Verfügung stehende Energiepotential wird durch den Anteil der oberirdisch abfließenden Niederschläge gebildet, die dabei auf ein nutzbares Gebiet treffen, z. B. das Einzugsgebiet eines Stausees.

Die potentielle Energie des Wassers wird beim Herunterfließen in kinetische Energie umgewandelt. Mit dieser kann eine Wasserturbine angetrieben werden, die die kinetische Energie des Wassers in mechanische Energie umformt und damit einen Generator antreibt. Der Generator wandelt dann die mechanische Energie in elektrische Energie um. Wasserkraftwerke erreichen Wirkungsgrade zwischen 80 % und 90 %.

Die Leistung P der Anlage ergibt sich aus folgendem Produkt:

$$P = \dot{V} \cdot h \cdot g \cdot \rho \cdot \eta$$

$\dot{V}$ = Wassermengenstrom
h = Fallhöhe
g = Erdbeschleunigung
ρ = Dichte des Wassers
η = Gesamtwirkungsgrad der Anlage

Die Wasserkraftwerkstypen werden nach der Fallhöhe unterschieden:

- Es gibt Hochdruckanlagen, die große Gefälle in Gebirgen mit Höhen über 50 m nutzen.
- Mitteldruckanlagen nutzen Gefälle mit Höhen zwischen 10 m und 50 m.
- Bei Gefällen unter 10 m wird von Niederdruckanlagen gesprochen.

Hochdruck- und Mitteldruckanlagen werden als Speicherkraftwerke ausgelegt, wohingegen Niederdruckanlagen als Laufwasserkraftwerke arbeiten. Laufwasserkraftwerke finden Anwendung an Flüssen mit vergleichsweise kleinen Fallhöhen, aber großen Durchflussmengen. Sie werden rund um die Uhr betrieben und eignen sich somit auch als Grundlastkraftwerke.

Speicherkraftwerke werden so bezeichnet, weil sie in natürlichen oder künstlichen Wasserreservoirs (Oberbecken) die potentielle Energie des Wassers speichern. So las-

Abb. 4 | Laufwasserkraftwerk

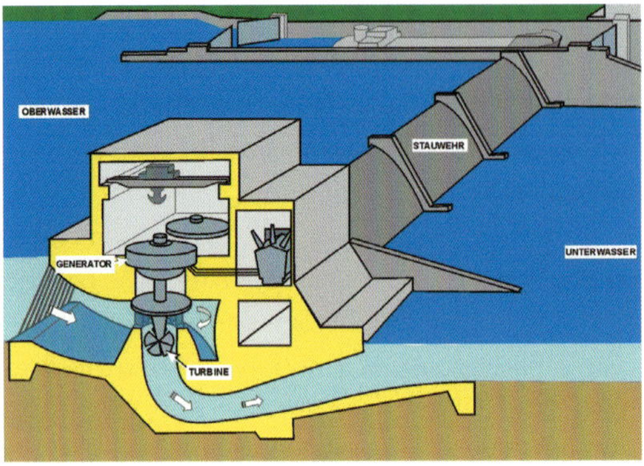

sen sich Unregelmäßigkeiten im Wasserzufluss ausgleichen, und die Stromproduktion kann an den Bedarf angepasst werden. In Spitzenlastzeiten, wenn also viel elektrische Energie gebraucht wird, kann das Wasser aus dem Oberbecken über eine Turbine in ein niedriger gelegenes Unterbecken geleitet werden. Die Turbine treibt dann einen Generator an, der die mechanische Energie in elektrische Energie umwandelt. Die Speicherkraftwerke bieten sich als Spitzenlastkraftwerke an.

Ein Spezialfall der Speicherkraftwerke ist das Pumpspeicherkraftwerk. Es pumpt in Schwachlastzeiten (z. B. nachts bei Stromüberangebot) Wasser vom Unterbecken in das Oberbecken (höher gelegenes Speicherbecken). Die dafür notwendige Energie wird aus dem Stromnetz genommen. In Spitzenlastzeiten (hohe Stromnachfrage) wird das Wasser aus dem Oberbecken wieder in das Unterbecken geleitet. Das strömende Wasser setzt dabei die Turbine in Bewegung, die den Generator antreibt, der dann den Strom erzeugt. Der Wirkungsgrad von Pumpspeicherkraftwerken beträgt bis zu 75 %.

0.3. SOLAR-WASSERSTOFF-KREISLAUF

Schwindende Ressourcen, eine zunehmende Umweltbelastung und ein stetig wachsender Energiebedarf führen zum Umdenken in der Energiewirtschaft.

Die weltweiten Vorräte der fossilen und nuklearen Energieträger sind begrenzt (s. Abb. 5). Eine zügige Umorientierung bei der Energienutzung ist daher unbedingt notwendig.
Durch die Etablierung regenerativer Energien (z. B. Solar-, Wind- und Wasserenergie) auf dem europäischen Energiemarkt ist die erforderliche Wende bereits erfolgreich eingeleitet worden.

Abb. 5 | Geschätzte statistische Reichweite der fossilen und nuklearen Energieträger (bei gleich bleibendem Verbrauch)

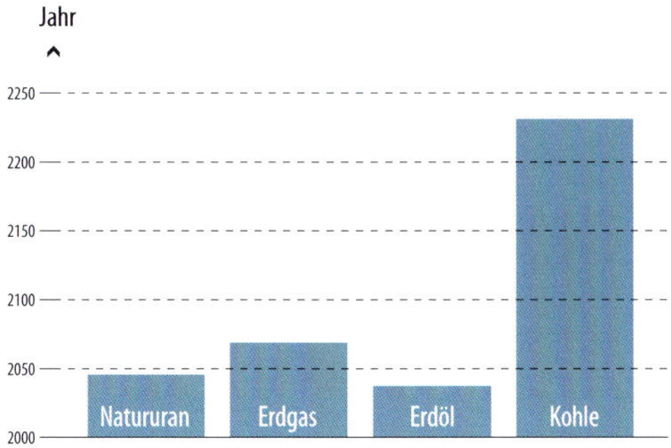

Abb. 6 | Solar-Wasserstoff-Kreislauf

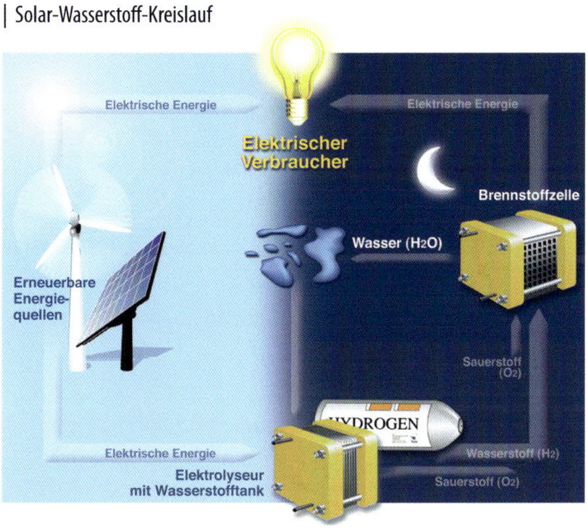

Bei der Energieumwandlung mit Hilfe von Solarzellen und Windkraftanlagen stimmen Energieangebot und Energienachfrage zeitlich und räumlich oft nicht überein. Wären sie identisch, könnte der Verbraucher den nachhaltig erzeugten Strom direkt nutzen. So aber ist eine Zwischenspeicherung notwendig, damit die elektrische Energie rund um die Uhr genutzt werden kann.

Wasserstoff könnte in Zukunft die Aufgabe der Zwischenspeicherung übernehmen. Das Zusammenspiel aus Sonnenenergie und Wasserstoff wird als *Solar-Wasserstoff-Kreislauf* bezeichnet. Dabei wird die durch Solarzellen und Windkraftanlagen bereitgestellte elektrische Energie bei Überangebot genutzt, um Wasserstoff herzustellen. Dazu werden Elektrolyseure mit Gleichstrom betrieben, die Wasser in Wasserstoff und Sauerstoff zerlegen. Der Wasserstoff (und ggf. Sauerstoff) wird gespeichert und bei Bedarf der Brennstoffzelle zugeführt, die die chemische Energie des Wasserstoffs in Strom und Wärme umwandelt. So kann die elektrische Versorgung jederzeit gewährleistet werden.

1
Grundlagen der Brennstoffzellen-Technik

1.1. GESCHICHTE DER BRENNSTOFFZELLEN-TECHNIK

Die Erfindung der Brennstoffzelle liegt über 160 Jahre zurück und immer noch spielt die Brennstoffzellen-Technik, abgesehen von wenigen Spezialanwendungen, in der Energieversorgung kaum eine Rolle.

Abb. 7 | Brennstoffzelle von Sir Willam Robert Grove

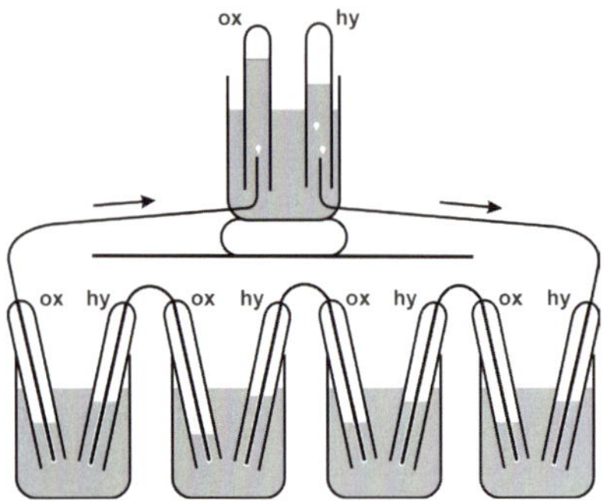

Sir William Robert Grove (1811–1896) und Christian Friedrich Schoenbein (1799–1868) entdeckten, dass der Elektrolyseprozess umkehrbar ist. 1839 entwickelte Grove die erste Brennstoffzelle.

Die Abbildung zeigt eine Brennstoffzelle, die er im Jahre 1842 aus vier hintereinander geschalteten Elementen konstruierte. In den vier Gefäßen befindet sich verdünnte Schwefelsäure, in die zwei Glasröhren mit Elektroden aus Platin eintauchen. Im oberen Teil der Glasröhren werden die Anoden von Wasserstoff (Hydrogen) und die Kathoden von Sauerstoff (Oxygen) umspült. Der dabei erzeugte Strom versorgt auf dieser Abbildung einen Elektrolyseur.

Werkstoffprobleme und die Erfindung des Verbrennungsmotors sowie des Elektrodynamos ließen damals die Brennstoffzellentechnologie in vorläufige Vergessenheit geraten.

Erst in den 60er Jahren des vergangenen Jahrhunderts wurde diese Technologie durch die Raumfahrt wiederbelebt. Die dafür notwendige Grundlagenforschung gab wichtige Impulse zur Weiterentwicklung der Brennstoffzellentechnologie.

1.2. BRENNSTOFFZELLEN-TYPEN

Alle Brennstoffzellen bestehen prinzipiell aus zwei Elektroden (Kathode und Anode) und einem Elektrolyten, der die beiden Elektroden voneinander trennt. Die Funktionsweise entspricht der Umkehrung der Elektrolyse.

Brennstoffzellen werden in der Regel nach der Art des Elektrolyten klassifiziert. Sie haben weitere Merkmale, in denen sie sich stark unterscheiden, wie z. B. Arbeitstemperatur, Wirkungsgrad und Anwendungsgebiet.

Tabelle 1 | Brennstoffzellen-Typen

Brennstoffzellen	Elektrolyt	Arbeitstemperatur	elektrischer Wirkungsgrad	Brenngas *Oxydant*
Alkalische Brennstoffzelle AFC	Kalilauge	Zimmertemperatur bis 90 °C	60 - 70 %	H_2 *O_2*
Membran-Brennstoffzelle PEMFC	protonenleitende Membran	Zimmertemperatur bis 80 °C	40 - 60 %	H_2,Kohlenwasserstoffe z.B. Erdgas *O_2, Luft*
Hochtemperatur-Membran-Brennstoffzelle HT-PEMFC	protonenleitende Membran	130 - 200 °C	40 - 60 %	Kohlenwasserstoffe, H_2 *O_2, Luft*
Direkt-Methanol-Brennstofzelle DMFC	protonenleitende Membran	Zimmertemperatur bis 200 °C	20 - 30 %	CH_3OH *O_2, Luft*
Phosphorsäure Brennstoffzelle PAFC	Phosphorsäure	160 - 220 °C	55 %	Kohlenwasserstoffe, H_2 *O_2, Luft*
Karbonatschmelzen Brennstoffzelle MCFC	Alkalikarbonatschmelzen	620 - 660 °C	65 %	Kohlenwasserstoffe, H_2 *O_2, Luft*
Oxidkeramische Brennstoffzelle SOFC	Yttriumstabilisiertes Zirkonoxid	800 - 1000 °C	60 - 65 %	Kohlenwasserstoffe, H_2 *O_2, Luft*

ALKALISCHE BRENNSTOFFZELLE – AFC [Alkaline Fuel Cell]

Die alkalische Brennstoffzelle ist eine Niedertemperaturbrennstoffzelle. Sie arbeitet im Temperaturbereich von ca. 20 °C bis 90 °C. Als Elektrolyt dient in diesen Zellen Kalilauge. Vorteile der AFC sind gute Wirkungsgrade und die Verwendung preiswerter Katalysatoren. Der Nachteil dieses Brennstoffzellentyps ist die Unverträglichkeit gegenüber Kohlendioxid (CO_2), da die Kalilauge ansonsten zu unlöslichem Karbonat auskristallisiert.

Aus diesem Grund kann die AFC nur mit hochreinen Brennstoffen betrieben werden, d. h. reinstem Wasserstoff und Sauerstoff. Auch Luft kann wegen der CO_2- Unverträglichkeit nicht eingesetzt werden.

Anwendungen: Militär, Raumfahrt (Stromversorgung)

Anodenreaktion:	$2H_2 + 4OH^-$	→	$4H_2O + 4e^-$
Kathodenreaktion:	$O_2 + 2H_2O + 4e^-$	→	$4OH^-$
Gesamtreaktion:	$2H_2 + O_2$	→	$2H_2O$

PEM-BRENNSTOFFZELLE – PEMFC [Polymer Electrolyte Membrane Fuel Cell]

Abb. 8 | Geöffneter PEM-Stack [Quelle: General Motors]

Die PEM-Brennstoffzelle (Kapitel 1.2.1) arbeitet je nach verwendetem Elektrolyten im Temperaturbereich 60 °C bis 80 °C – Niedertemperatur PEMFC – oder 130 °C bis 200 °C – Hochtemperatur PEMFC.

Als Elektrolyt wird eine protonenleitende Membran verwendet.

Vorteile sind ein sehr gutes Kaltstartverhalten und ein hoher Wirkungsgrad. Außerdem lassen sich einzelne Zellen einfach zu größeren Stapeln (die so genannten *Brennstoffzellen-Stacks*) zusammenschalten, um höhere Leistungen zu erreichen. Die Kathode wird mit Sauerstoff, z. B. aus der Luft, und die Anode mit Wasserstoff versorgt. Wird der Wasserstoff durch die Reformierung kohlestämmiger Brennstoffe bereitgestellt, muss dafür gesorgt werden, dass Kohlenmonoxid (CO) nicht mit in die Zelle gelangt, da dies ein starkes Katalysatorgift für die Niedertemperatur-PEMFC darstellt. Die Hochtemperatur-PEMFC ist unempfindlich bezüglich Kohlenmonoxid. Weiterhin kann die Befeuchtung der Membran entfallen, ein Wassermanagement ist im Gegensatz zur Niedertemperatur-PEMFC nicht notwendig.

Unabhängig vom Temperaturbereich ist das sehr teure Katalysatormaterial Platin ein Nachteil der PEM-Brennstoffzelle.

Anwendungen: Elektroantriebe z. B. für Autos, Raumfahrt (Stromversorgung), tragbare Stromversorgung, Batterieersatz, Hausenergieversorgung (Kraft-Wärmekopplung)

Anodenreaktion:	$2H_2$	→	$4H^+ + 4e^-$
Kathodenreaktion:	$O_2 + 4H^+ + 4e^-$	→	$2H_2O$
Gesamtreaktion:	$2H_2 + O_2$	→	$2H_2O$

DIREKT-METHANOL-BRENNSTOFFZELLE – DMFC [Direct Methanol Fuel Cell]

Die Direkt-Methanol-Brennstoffzelle (Kapitel 1.2.3.) ist ein Spezialfall der PEM-Brennstoffzelle. Beide sind ähnlich aufgebaut. Die DMFC wird mit dem Brennstoff Methanol betrieben. Der Vorteil ist dabei die einfache Handhabung dieses flüssigen Brennstoffes. Die Nachteile sind, dass Methanol giftig und korrosiv ist und die Brennstoffzelle nur einen geringen elektrischen Wirkungsgrad hat.

Anwendungen: Elektroantriebe, tragbare Stromversorgung, Batterieersatz

Anodenreaktion:	$2CH_3OH + 2H_2O$	$\rightarrow$	$2CO_2 + 12H^+ + 12e^-$
Kathodenreaktion:	$3O_2 + 12H^+ + 12e^-$	$\rightarrow$	$6H_2O$
Gesamtreaktion:	$2CH_3OH + 3O_2$	$\rightarrow$	$2CO_2 + 4H_2O$

PHOSPHORSÄURE-BRENNSTOFFZELLE – PAFC [Phosphoric Acid Fuel Cell]

Bei dieser Mitteltemperaturbrennstoffzelle wird als Elektrolyt Phosphorsäure (als Gel in einer Matrix aus teflongebundenem Siliziumkarbid) eingesetzt. Gegenüber den anderen Brennstoffzellentypen (außer der DMFC) hat die PAFC einen geringeren Wirkungsgrad.

Anwendungen: stationäre Stromversorgung, Blockheizkraftwerke (Kraft-Wärme-kopplung)

Anodenreaktion:	$2H_2$	$\rightarrow$	$4H^+ + 4e^-$
Kathodenreaktion:	$O_2 + 4H^+ + 4e^-$	$\rightarrow$	$2H_2O$
Gesamtreaktion:	$2H_2 + O_2$	$\rightarrow$	$2H_2O$

KARBONATSCHMELZEN-BRENNSTOFFZELLE – MCFC [Molten Carbonate Fuel Cell]

Abb. 9 | HotModule von MTU Friedrichshafen

Die Zelle gehört zu den Hochtemperaturbrennstoffzellen. Der Elektrolyt besteht aus Alkalikarbonatschmelzen. Sie ermöglichen eine Stromerzeugung mit hohen Wirkungsgraden. Als Brenngas kann außer Wasserstoff auch Erdgas oder Biogas verwendet werden.

Anwendungen: Blockheizkraftwerke (Kraft-Wärmekopplung), Kraftwerke zur Stromerzeugung

Anodenreaktion:	$2H_2 + 2CO_3^{2-}$	$\rightarrow$	$2H_2O + 2CO_2 + 4e^-$
Kathodenreaktion:	$O_2 + 2CO_2 + 4e^-$	$\rightarrow$	$2CO_3^{2-}$
Gesamtreaktion:	$2H_2 + O_2$	$\rightarrow$	$2H_2O$

OXIDKERAMISCHE BRENNSTOFFZELLE – SOFC [Solid Oxide Fuel Cell]

Abb. 10 | SOFC von Siemens [Quelle: Siemens AG]

Die SOFC gehört zu den Hochtemperaturbrennstoffzellen. Der feste Elektrolyt ist eine Zirkonoxidkeramik. Als Brenngas kann nicht nur Wasserstoff verwendet werden, sondern z. B. auch Erdgas oder Biogas.

Anwendungen: Blockheizkraftwerke (Kraft-Wärmekopplung), Kraftwerke zur Stromerzeugung oder auch Hausenergieversorgung

Anodenreaktion:	$2H_2 + 2O^{2-}$	$\rightarrow$	$2H_2O + 4e^-$
Kathodenreaktion:	$O_2 + 4e^-$	$\rightarrow$	$2O^{2-}$
Gesamtreaktion:	$2H_2 + O_2$	$\rightarrow$	$2H_2O$

1.2.1. PEM-BRENNSTOFFZELLE

Abb. 11 | PEM-Brennstoffzelle

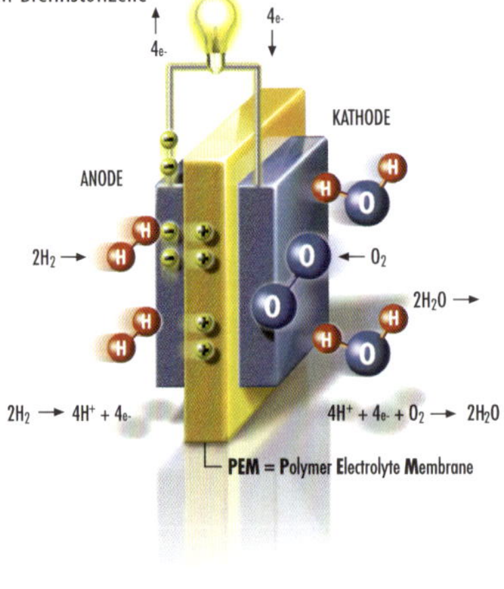

Die PEM-Brennstoffzelle wandelt effizient, geräuscharm und emissionsfrei chemische Energie in elektrische Energie um. Der Elektrolyt ist eine dünne protonenleitende Polymermembran. Diese Membran ist auf beiden Seiten mit Katalysatormaterial beschichtet. Diese beiden Schichten bilden Kathode und Anode der Brennstoffzelle. Einzelne Zellen werden zu kompakten Stacks zusammengeschaltet (Kapitel 1.2.2.) und so den jeweiligen

Anforderungen angepasst. Der hohe Wirkungsgrad und das gute Kaltstartverhalten der PEM-Brennstoffzelle machen sie für ein breites Anwendungsspektrum einsetzbar, z. B. für Elektroantriebe in Autos (Kapitel 1.3.), als Batterie- und Akkumulatorenersatz (Kapitel 1.3.) und zur Hausenergieversorgung (Kapitel 1.3.).

Funktionsweise der PEM-Brennstoffzelle

Das an die Anode geführte Wasserstoffgas zerfällt durch die katalytische Wirkung der Elektrode (z. B. Platin) schon bei Zimmertemperatur in Protonen und Elektronen. Die Protonen (H^+ - Ionen) gelangen durch die protonenleitende Membran auf die Kathodenseite. Die Elektronen wandern bei geschlossenem äußeren Stromkreis zur Kathode und verrichten auf diesem Weg elektrische Arbeit. An der Kathode verbinden sich die Protonen, Elektronen und Sauerstoff zu Wasser.

Anodenreaktion:	$2H_2$	$\rightarrow$	$4H^+ + 4e^-$
Kathodenreaktion:	$4H^+ + 4e^- + O_2$	$\rightarrow$	$2H_2O$
Gesamtreaktion:	$2H_2 + O_2$	$\rightarrow$	$2H_2O$

1.2.2. BRENNSTOFFZELLEN-STACK

Mehrere Brennstoffzellen hintereinander angeordnet ergeben einen so genannten Zellenstapel, meist mit dem englischen Begriff *Stack* bezeichnet.

Abb. 12 | PEM-Brennstoffzellen-Stack

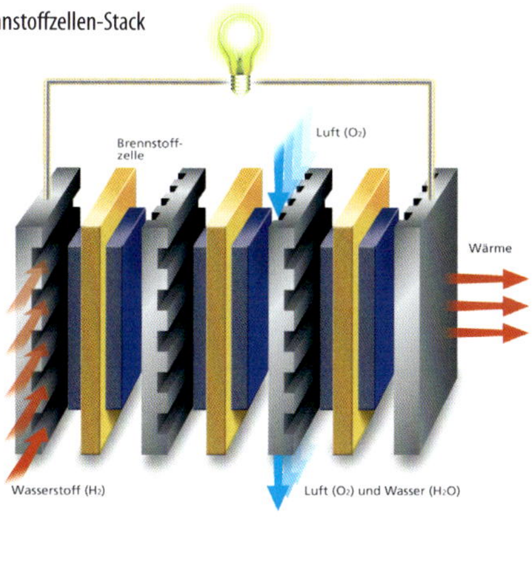

Zur Abtrennung der einzelnen Zellen werden Bipolarplatten verwendet, die neben der elektrischen Kontaktierung der Elektroden und Weiterleitung des Stroms zur benachbarten Zelle (Serienschaltung der Zelle) auch die Aufgabe der Gaszuführung, Wärmeabführung und Abdichtung der einzelnen Kammern übernehmen.

Abgeschlossen wird der Stack mit zwei Endplatten, in denen sich der Stromabgriff sowie die Gas- und ggf. Kühlwasseranschlüsse befinden. Je nach Leistungsabgabe und der damit verbundenen Wärmeentwicklung werden die Stacks mit Luft oder Wasser gekühlt.

Über die Anzahl der einzelnen Zellen lässt sich die Leistung des Stacks beliebig variieren. Da die einzelnen Zellen in Serie geschaltet sind, führt die Erweiterung des Stacks durch zusätzliche Zellen zur Erhöhung der Spannung. Die Gesamtspannung des Stacks entspricht der Summe der einzelnen Zellenspannungen.

1.2.3. DIREKT-METHANOL-BRENNSTOFFZELLE

Die Direkt-Methanol-Brennstoffzelle (DMFC) ist ein Spezialfall der PEM-Brennstoffzelle. Beide sind ähnlich aufgebaut: zwei Elektroden werden durch einen Elektrolyten getrennt. Der Elektrolyt ist eine protonenleitende Membran, die für Elektronen undurchlässig ist.

Abb. 13 | Direkt-Methanol-Brennstoffzelle

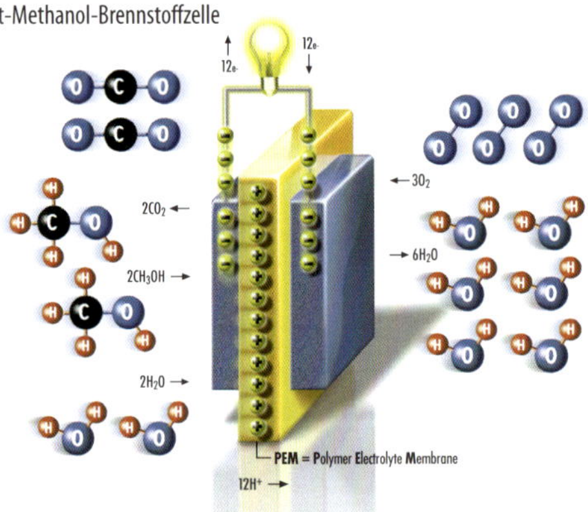

Bei der DMFC wird als Brennstoff Methanol (CH_3OH) genutzt. Der Vorteil ist dabei, dass das Methanol bei Temperaturen von -97 °C bis 64 °C (bei 1013 hPa) flüssig ist. Handhabung, Speicherung und Transport sind daher ähnlich wie bei herkömmlichen flüssigen Brennstoffen, z. B. Benzin oder Diesel. Die Nachteile sind, dass Methanol giftig und korrosiv ist und dieser Brennstoffzellentyp nur einen geringen elektrischen Wirkungsgrad hat.

Anwendungen: Elektroantriebe, tragbare Stromversorgung, Batterieersatz

Funktionsweise der DMFC

Ein Gemisch aus Methanol und Wasser wird an die Anode geleitet. Aufgrund des Katalysatormaterials wird von diesem Gemisch Wasserstoff abgetrennt und in Protonen und Elektronen zerlegt. Die Protonen (H^+- Ionen) gelangen durch die protonenleitende Membran auf die Kathodenseite. Die Elektronen wandern bei geschlossenem äußeren Stromkreis zur Kathode und verrichten auf diesem Weg elektrische Arbeit.

An der Anodenseite reagieren die Sauerstoff- und Kohlenstoffatome des Methanols mit den Sauerstoffatomen des Wassers zu Kohlendioxid.

An die Kathode gelangen die durch die Membran diffundierten H^+-Ionen (Protonen) und reagieren dort mit den Elektronen und dem kathodenseitig zugeführten Sauerstoff zu Wasser.

Anodenreaktion:	$2CH_3OH + 2H_2O$	$\rightarrow$	$2CO_2 + 12H^+ + 12e^-$
Kathodenreaktion:	$3O_2 + 12H^+ + 12e^-$	$\rightarrow$	$6H_2O$
Gesamtreaktion:	$2CH_3OH + 3O_2$	$\rightarrow$	$2CO_2 + 4H_2O$

1.3. ANWENDUNGEN

Anwendung von Brennstoffzellen im portablen Bereich

Abb. 14 | Vollintegriertes Brennstoffzellensystem für den Betrieb eines Laptops. Die Abmaße des Systems entsprechen dem der üblicherweise verwendeten Akkus.

Die Brennstoffzelle kann in diesem Anwendungsbereich als Alternative zu Batterien und Akkumulatoren gesehen werden. Batterien entladen sich, Brennstoffzellen können dagegen so lange elektrische Energie liefern, wie der Zelle der Brennstoff (Wasserstoff oder Methanol) zugeführt wird.

Mögliche Anwendungen sind die Versorgung elektrischer Kleinverbraucher wie Laptops und Messgeräte. Auch im Campingbereich können sie zum Einsatz kommen.

Für tragbare elektrische Kleingeräte sind besonders Niedertemperatur-Brennstoffzellen wie die PEM-Brennstoffzelle (PEMFC) und die Direkt-Methanol-Brennstoffzelle (DMFC) geeignet. Sie arbeiten bereits bei geringen Temperaturen, haben ein gutes Kaltstartverhalten und erlauben ein kompaktes Design.

Bei der PEMFC entsteht nur Wasser. Bei der DMFC entstehen neben Wasser noch geringe Mengen CO_2.

Anwendung von Brennstoffzellen im mobilen Bereich

Abb. 15 | Auto mit Brennstoffzellen-Antrieb: Der HydroGen3 beschleunigt in rund 16 Sekunden von 0 auf 100 km/h und erreicht eine Höchstgeschwindigkeit von 150 km/h.

Bei den mobilen Anwendungen dominieren die PEM-Brennstoffzellen, die als Niedertemperatur-Zellen die Fähigkeit haben, sofort nach dem Start elektrische Energie zu liefern. Dies ist besonders für den Einsatz in Kraftfahrzeugen wichtig.

Der Leistungsbereich der mobilen Anwendung reicht vom niedrigen Kilowattbereich bis zu mehreren hundert Kilowatt. Für die Bordversorgung kleiner Boote werden Leistungen von einigen Kilowatt benötigt. Um dagegen U-Boote mit ausreichender Energie für Vortrieb und elektrischer Energieversorgung an Bord auszurüsten, müssen Leistungen von mehreren hundert Kilowatt gewährleistet werden. Durch den modularen Aufbau der Brennstoffzellen-Stacks können diese für die unterschiedlichsten Anforderungen optimiert werden.

Der HydroGen3 der Adam Opel GmbH wird durch einen Brennstoffzellen-Stack angetrieben, der aus 200 in Reihe geschalteten Einzel-PEM-Brennstoffzellen besteht. Der Vorteil der Energieumwandlung in der Brennstoffzelle ist, dass sie geräuschlos und ohne Verschleiß (keine mechanisch bewegten Teile) erfolgt.

Es gibt weitere Varianten des Kraftfahrzeugantriebes im Rahmen der Wasserstofftechnologie, z. B. beim BMW Hydrogen 7 und beim DaimlerChrysler F-Cell:

Der BMW Hydrogen 7 arbeitet mit einem Wasserstoff-Verbrennungsmotor (anstatt eines Brennstoffzellen-Stacks), der auf der Technik eines konventionellen 4-Takt-Ottomotors basiert. Anstelle des Benzins verbrennt er allerdings Wasserstoff.

Während der NECAR 5 von DaimlerChrysler noch Methanol tankte, verwendet der F-Cell Wasserstoff. Von der ursprünglich favorisierten On-Board-Reformierung von Kohlenwasserstoffverbindungen (wie Methanol) haben sich mittlerweile alle Autokonzerne wieder verabschiedet.

Anwendung von Brennstoffzellen im stationären Bereich

Abb. 16 | Brennstoffzellen-Heizgerät von Vaillant: Heute noch mit Erdgas betrieben, morgen mit regenerativem Wasserstoff. Dieses Gerät gibt nutzbare Energie in zwei Formen ab: in Form elektrischer Energie und in Form thermischer Energie.

Das Gebiet dieser Anwendungen reicht von der hauseigenen Strom- und Wärmeerzeugung (Leistungen ab 1 kW) bis zur Wärme- und Stromversorgung ganzer Wohnviertel durch Blockheizkraftwerke (mit Leistungen bis in den Megawattbereich).

Erste Pilotprojekte zur Hausenergieversorgung gibt es bereits z. B. mit einem PEM-Brennstoffzellen-Stack von der Firma Vaillant oder einem SOFC-Brennstoffzellen-Stack von der Firma Hexis.

In konventionellen BHKWs, die durch Kraft-Wärme-Kopplung elektrischen Strom und Heizwärme zur Verfügung stellen, werden Verbrennungsmotoren und Gasturbinen verwendet. Die Vorteile der Brennstoffzellen gegenüber den üblichen Technologien sind höhere Wirkungsgrade, wesentlich geringere Schadstoff- und Geräuschemissionen sowie die Möglichkeit eines modularen Aufbaus.

Ein komplettes Brennstoffzellen-System zur Strom- und Wärmeerzeugung besteht – außer aus den zu einem Stack zusammengesetzten Brennstoffzellen – je nach Erfordernis aus weiteren Komponenten:

Systeme zur Gasaufbereitung: Liegt der zum Betrieb der Zelle erforderliche Brennstoff nicht in ausreichender Qualität vor, ist eine Vorbehandlung erforderlich. Diese kann neben einer Reformierung und CO-Reinigung auch eine Entschwefelung umfassen.

Wärmetauscher: Dient der Auskopplung der bei der Zellreaktion erzeugten Wärme zur externen Nutzung.

Rohrleitungen, Pumpen und Verdichter: Erforderlich für das Gas- und Wärmemanagement.

Wechselrichter und Transformator: Konvertieren und transformieren die am Brennstoffzellen-Stack anliegende Gleichspannung in eine Wechselspannung.

Membran-Befeuchter: Sorgen dafür, dass die Protonen-Austausch-Membranen des PEM-Brennstoffzellen-Stacks nicht austrocknen, was zu einer Minderung der Brennstoffzellenleistung führen würde.

1.4. PEM-ELEKTROLYSEURE

Durch die Elektrolyse von Wasser lassen sich Wasserstoff und Sauerstoff herstellen. Elektrolyseure bestehen prinzipiell aus einer negativen und einer positiven Elektrode und einem Elektrolyten. Die einzelnen Elektrolyseur-Typen unterscheiden sich durch die Art des Elektroden- und Elektrolytmaterials.

PEM-Elektrolyseure zeichnen sich durch einen sehr einfachen und kompakten Aufbau aus. Kernstück dieses Elektrolyseurs ist eine dünne, protonenleitende Polymermembran (engl. Polymer Electrolyte Membrane = PEM), die auf beiden Seiten mit Katalysatormaterial beschichtet ist. Diese beiden Schichten bilden Kathode und Anode der Zelle. Beim Anlegen einer Gleichspannung spaltet der PEM-Elektrolyseur reines Wasser in Wasserstoff und Sauerstoff. Die Spannung muss dafür die so genannte Zersetzungsspannung des Wassers

Abb. 17 | PEM-Elektrolyseur

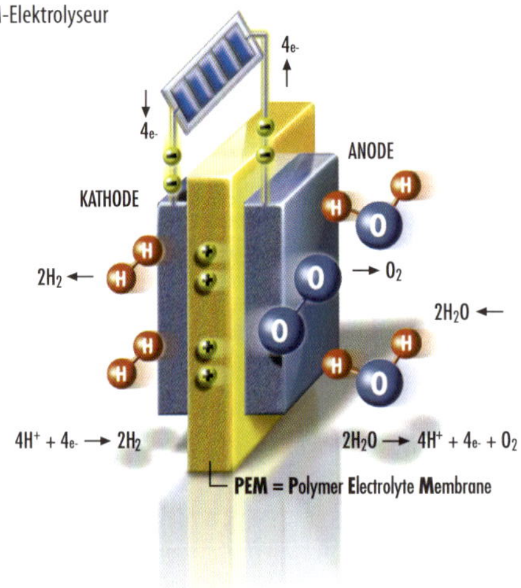

überschreiten. Die theoretische Zersetzungsspannung von Wasser beträgt 1,23 V. In der Praxis liegt diese Spannung jedoch aufgrund von Verlusten im Elektrolyseur höher.

Leistungselektrolyseure werden in Form von Stapeln (engl. Stacks) aufgebaut. Dies ist eine Serienschaltung von Elektrolyseurzellen, die eine Addition der Spannungen zur Folge hat. PEM-Elektrolyseure haben elektrische Wirkungsgrade bis ca. 85 %.

Funktionsweise des PEM-Elektrolyseurs

Beim Anlegen einer Gleichspannung werden an der Anode Wassermoleküle zu Sauerstoff und Protonen oxidiert und Elektronen freigesetzt. Die Protonen (H^+-Ionen) wandern durch die protonenleitende Membran zur Kathode und bilden dort mit den über den äußeren Leiterkreis fließenden Elektronen Wasserstoffgas. An der Anodenseite sammelt sich Sauerstoffgas.

Anodenreaktion:	$2H_2O$	$\rightarrow$	$4H^+ + 4e^- + O_2$
Kathodenreaktion:	$4H^+ + 4e^-$	$\rightarrow$	$2H_2$
Gesamtreaktion:	$2H_2O$	$\rightarrow$	$2H_2 + O_2$

Der Name PEM leitet sich aus dem verwendeten Elektrolyten ab. Dabei handelt es sich um eine protonenleitende Polymerfolie. Die Buchstaben PEM stehen für die englische Bezeichnung Polymer Electrolyte Membrane oder auch für Proton Exchange Membrane (Protonen-Austausch-Membran). Sie besteht aus einem Teflon-Polymergerüst, an deren Seitenkettenenden sich eine Sulfonsäure-Gruppe (SO_3H) befindet. Wird die Membran befeuchtet, erhält die Membran einen sauren Charakter und wird für Protonen leitfähig, Anionen (negativ geladene Ionen und Elektronen) können die Membran dagegen nicht passieren (elektrisch isolierend).

1.5. WASSERSTOFFSPEICHERUNG

Druckspeicher

Die herkömmliche Druckgasflasche ist mit ihrem niedrigen Herstellungsaufwand und den geringen Kosten der Favorit, wenn es keinen Platzmangel gibt und hohes Gewicht keine Rolle spielt. In den Druckgasflaschen kann man ein Vielfaches ihres Volumens an Gas speichern, weil sie für Drücke bis zu 200 bar ausgelegt sind. Hochdruck-

Abb. 18 | Druckspeicher

behälter aus Carbon-Verbundmaterialien sind die neuesten Entwicklungen im Bereich der Druckgasspeicherung. Sie sind leichter als herkömmliche Druckgasflaschen, zudem sind sie für Drücke bis 350 bar ausgelegt (in Zukunft werden Drücke bis 700 bar möglich sein).

Flüssig-Wasserstoff-Speicher (Kryogenspeicher)

Abb. 19 | Flüssig-Wasserstoff-Speicher

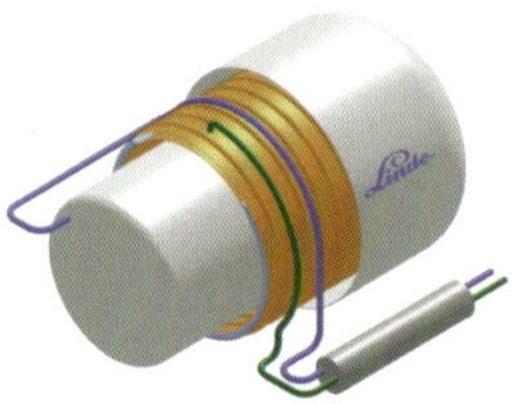

Wasserstoff geht bei Temperaturen von -253 °C in die flüssige Phase über. Gespeichert wird dieser tiefkalte Wasserstoff in *Kryogenspeichern*, die durch ihre gute Isolierung den flüssigen Wasserstoff auf der entsprechenden Temperatur halten. Die ersten Tage nach der Befüllung kann der Wasserstoff verlustfrei gespeichert werden. Danach kommt es, trotz der guten Isolierung, zu so genannten *Abdampfverlusten*. Diese entstehen dadurch, dass der Wasserstoff sich geringfügig erwärmt, wodurch ein kleiner Teil wieder in die gasförmige Phase übergeht. Damit in dem Behälter kein Überdruck entsteht, wird der überschüssige gasförmige Wasserstoff abgelassen. Dieser Verlust liegt heute bei ca. 0,4 % des Tankvolumens am Tag.

Zum Verflüssigen des Wasserstoffs ist Energie nötig, die rund einem Drittel der gespeicherten Energie entspricht.

Metallhydridspeicher

Abb. 20 | Metallhydridspeicher

In einem Metallhydridspeicher befindet sich eine Metalllegierung, die die Eigenschaft hat, Wasserstoffatome im Metallgitter einzulagern. Um dafür eine möglichst große Oberfläche zu erhalten, wird die Metalllegierung pulverisiert. Der Wasserstoff wird unter leichtem Überdruck in den Speicher gegeben und bildet mit der Metalllegierung das Metallhydrid. Dieser

Vorgang ist exotherm, d. h. es wird Wärme abgegeben. Für die Entladung des Speichers muss wieder Wärme zugeführt werden.

Metallhydridspeicher haben auf das Volumen bezogen eine hohe Speicherdichte. Auf das Gewicht bezogen haben sie bisher allerdings nur eine sehr geringe Speicherdichte. Neue leichtere Speichermaterialien befinden sich in der Entwicklung. Der Einsatz dieser leichteren Materialien würde zu einer wesentlichen Verbesserung der gewichtsbezogenen Speicherdichten führen.

Nano-Röhrchen

Abb. 21 | Nano-Röhrchen

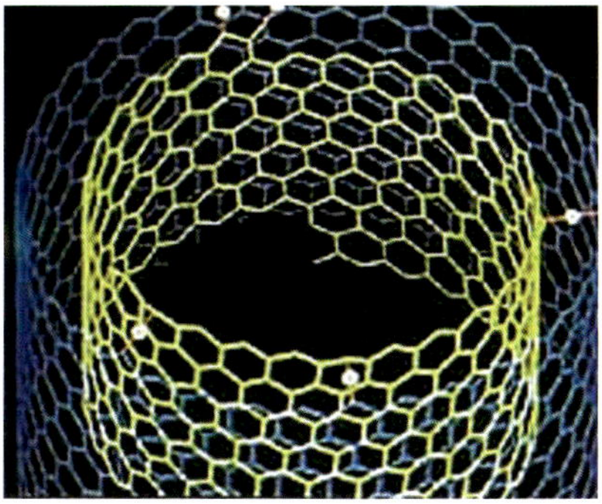

Das chemische Element Kohlenstoff kann verschiedene Strukturen mit unterschiedlichen Eigenschaften annehmen. Diamant ist beispielsweise sehr hart, während Graphit sehr weich und schmierfähig ist.

Erst vor wenigen Jahren wurden die so genannten *Fullerene* entdeckt, die aus Kohlenstoffatomen bestehen. Diese Stoffe verfügen über eine sechseckige Gitterstruktur, ähnlich wie Bienenwaben. Diese Gitter können Schichten bilden, die wiederum zu zylinderförmigen Nano-Röhrchen (engl. nanotubes) aufgerollt werden können.

Es gibt Röhrchen, die lediglich aus einer Kohlenstoffschicht bestehen und *single-wall nanotubes* genannt werden. Sind mehrere Schichten beteiligt, heißen sie *multi-wall nanotubes*. Sie verfügen im Vergleich über einen zehnfach größeren Durchmesser (30 bis 50 ηm). In diesen Schichten kann Wasserstoff gasförmig eingelagert werden. Die Speicherkapazität liegt in Abhängigkeit von der Temperatur allerdings nur bei 1 bis 5 Gew.-%, weswegen noch viel Entwicklungsarbeit bis zur praktischen Nutzung investiert werden muss.

Methanol

Wasserstoff ist in gebundener Form in Methanol enthalten.
Methanol (CH_3OH) wurde früher Methylalkohol oder auch Holzgeist genannt. Es ist ein wasserlöslicher Alkohol, der im Vergleich zu Ethanol giftig ist und blind machen kann. Bereits wenige Milliliter Methanol können zur Erblindung führen. Für die Giftig-

keit ist die beim Abbau im menschlichen Körper gebildete Menge von Ameisensäure entscheidend. Häufig wiederholte Aufnahme kleiner Mengen, zum Beispiel bei beruflicher Einatmung der Dämpfe, verursacht Schleimhautreizungen, Benommenheit, Schwindel, Kopfschmerzen, Krämpfe, Verdauungs- und Blasenstörungen.

Methanol ist ein wichtiges chemisches Grundprodukt und wird hauptsächlich zur Herstellung von Formaldehyd verwendet. Es kann technisch aus jeder Kohlenstoffquelle hergestellt werden. Die Industrie produziert Methanol heute überwiegend aus Erdgas oder durch das Vergasen von Kohle und ist somit nicht an den Primärenergieträger Erdöl gebunden.

2 Experimente

2.1. ZERSETZUNG VON WASSER UNTER BETRACHTUNG DES ENTSTEHENDEN WASSERSTOFF- UND SAUERSTOFF-GASVOLUMENS

Lesen Sie vor Beginn des Versuchs die Sicherheitshinweise in der Bedienungsanleitung!

HINTERGRUND

Bei der Elektrolyse werden durch elektrische Energie chemische Verbindungen zersetzt. Dadurch kann Wasser in seine Bestandteile Wasserstoff und Sauerstoff zerlegt werden. Da jedes Wassermolekül H_2O sich aus zwei Wasserstoffatomen und einem Sauerstoffatom zusammensetzt, wird für das produzierte Wasserstoff- und Sauerstoff-Gasvolumen ein Verhältnis von 2:1 erwartet. Ist im Weiteren von Volumen die Rede, bezeichnet dieses immer das Gasvolumen, da Wasserstoff und Sauerstoff bei normaler Umgebungstemperatur und normalem Umgebungsdruck immer gasförmig sind.

MATERIAL

- PEM-Elektrolyseur
- Wasserstoff- und Sauerstoffspeicher mit Skala
- Spannungsquelle, wie z. B. Solarmodul, Labornetzgerät oder Steckernetzteil
- ggf. Leuchte für den Betrieb des Solarmoduls

AUFBAU

Schließen Sie den Elektrolyseur an die Spannungsquelle an.

Arbeiten Sie mit einem Spannungswert von z. B. 1,9V (größer als 1,5V und kleiner als 2V). Bei mehrzelligen Elektrolyseuren (Elektrolyseur-Stack) muss die Spannung entsprechend der Zellenzahl höher sein. Für den maximalen Wert werden die 2V mit der Anzahl der Zellen multipliziert, z. B. bei 2 Zellen 4V, bei 3 Zellen 6V.

DURCHFÜHRUNG

Nehmen Sie die Geräte nach den Anweisungen der jeweiligen Bedienungsanleitung in Betrieb.

Die Gasspeicher sollten vor dem Beginn des Versuchs vollständig mit destilliertem Wasser befüllt sein.

Produzieren Sie z. B. 10 cm^3 Wasserstoff. Trennen Sie den Elektrolyseur von der Spannungsquelle und notieren Sie das produzierte Sauerstoffvolumen.

Beispiel:

produziertes Wasserstoffvolumen	produziertes Sauerstoffvolumen
10 cm^3	5 cm^3

AUSWERTUNG

Der Elektrolyseur spaltet Wasser in seine Bestandteile Wasserstoff und Sauerstoff. Wie im Kapitel *Durchführung* erwähnt, wird dabei ein Wasserstoff/Sauerstoff-Volumenverhältnis von 2:1 erwartet. Die Messergebnisse bestätigen diese Annahme. Es werden in der gleichen Zeit 10 cm^3 Wasserstoff und 5 cm^3 Sauerstoff erzeugt.

2.2. STROM-SPANNUNGS-KENNLINIE, LEISTUNGSKURVE UND WIRKUNGSGRAD DES SOLARMODULS

Lesen Sie vor Beginn des Versuchs die Sicherheitshinweise in der Bedienungsanleitung!

HINTERGRUND

Die Strom-Spannungs-Kennlinie gibt Aufschluss über das Leistungsverhalten des Solarmoduls. Aus der Strom-Spannungs-Kennlinie sowie aus der Leistungskurve erhält man den Punkt maximaler Leistung, den so genannten *Maximum Power Point* (MPP).

Der Wirkungsgrad des Solarmoduls gibt an, wie viel der eingestrahlten Energie von dem Solarmodul in elektrische Energie umgewandelt wird.

$$\text{Wirkungsgrad}\ \eta = \frac{\text{elektrisch abgegebene Leistung}}{\text{eingestrahlte Leistung}} = \frac{P_{aus}}{P_{ein}}$$

MATERIAL

- Solarmodul
- ggf. Leuchte für den Betrieb des Solarmoduls
- 2 Multimeter
- Widerstandsdekade, verschiedene Widerstände oder Potentiometer
- Gerät für die Ermittlung der Strahlungsleistung des Lichts:
  - a| Messgerät für die direkte Messung der Strahlungsleistung des Lichts, z. B. Pyranometer
  - b| *alternativ*: Die Strahlungsleistung des Lichts wird über den Kurzschlussstrom des Solarmoduls bestimmt.

AUFBAU

Bauen Sie die Schaltung nach folgendem Schaltbild auf.

Schaltbild 2.2 | Aufbau zur Ermittlung der Kennlinien eines Solarmoduls

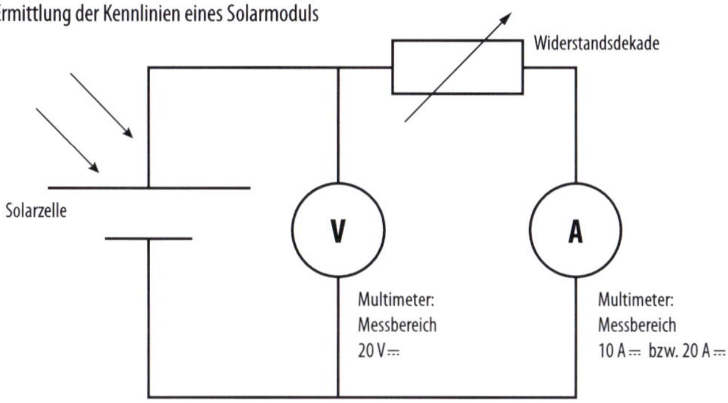

2

Aufbau 2.2

DURCHFÜHRUNG

Der Versuch wird wie oben (Aufbau 2.2.) gezeigt aufgebaut. Die Leuchte wird senkrecht auf das Solarmodul ausgerichtet (90°-Winkel). Nach dem Einschalten der Leuchte mindestens 1 Minute warten, um Fehler durch Temperaturschwankungen zu vermeiden. Beginnen Sie die Aufnahme der Strom-Spannungs-Kennlinie mit der Leerlaufspannung ($R=\infty$) und schalten Sie die Widerstandsdekade zu kleineren Widerständen durch. Zum jeweiligen Widerstand werden Spannung und Stromstärke gemessen und in einer Tabelle notiert. Zwischen den einzelnen Messungen sollten Sie jeweils warten, bis sich die Werte stabilisiert haben.

Beispiel:

Tabelle 2.2 | Messwerttabelle: Messung von Spannung und Strom zum jeweiligen Widerstand (durchgeführt mit dem h-tec Solar Module Junior, Leistung der Leuchte: 75 Watt, Abstand Leuchte – Solarmodul: 50 cm)

R/Ω	U/V	I/A	P/W berechnet $P=U\cdot I$
∞	1,95	0	0
330	1,94	0,01	0,019
100	1,93	0,02	0,039
33	1,91	0,05	0,096
10	1,83	0,17	0,311
3,3	0,71	0,18	0,128
1	0,22	0,18	0,04
0,33	0,17	0,18	0,031
0,1	0,04	0,18	0,007
0	0,02	0,18	0,004

AUSWERTUNG

Stellen Sie anhand der Messwerttabelle die Abhängigkeit des Stromes von der Spannung graphisch dar:

Diagramm 2.2.a | Strom-Spannungs-Kennlinie des Solarmoduls

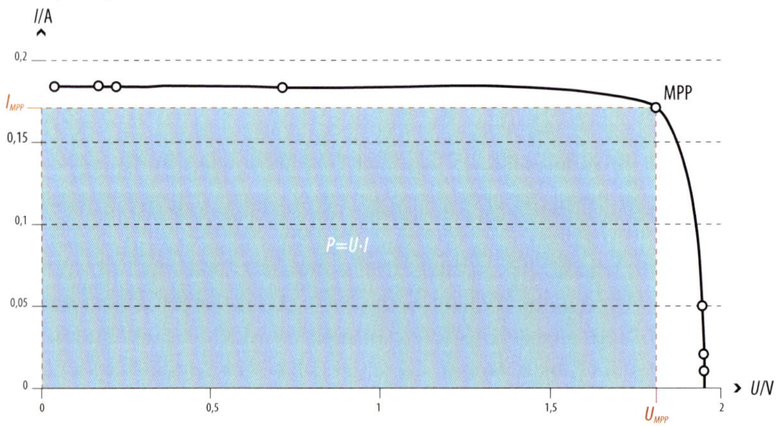

Stellen Sie die Leistung in Abhängigkeit der Spannung graphisch dar:

Diagramm 2.2.b | Leistungskurve des Solarmoduls

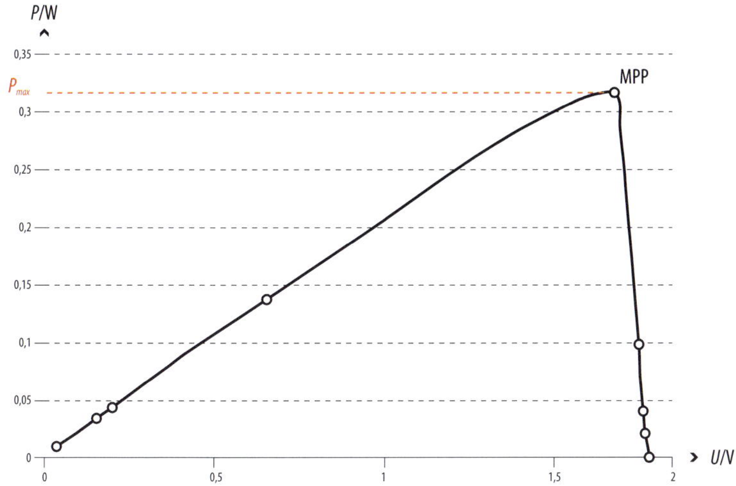

Der Punkt der maximal abgegebenen elektrischen Leistung (Maximum Power Point = MPP) ist ein Extrempunkt der Leistungskurve. Er liegt dort, wo das Produkt aus Spannung und Stromstärke am größten ist: $P_{MPP} = U_{MPP} \cdot I_{MPP}$

In diesem Beispiel liegt er bei: $P_{MPP} = 1{,}83\ \text{V} \cdot 0{,}17\ \text{A} = \underline{\underline{0{,}311\ \text{W}}}$

Es ist auch möglich, den MPP aus der Strom-Spannungs-Kennlinie zu bestimmen, indem man die Rechtecke (Produkte) aus Spannung und zugehöriger Stromstärke bildet, deren Flächen den jeweiligen Betrag der Leistung angeben. Das Rechteck mit dem größten Flächeninhalt entspricht der maximalen Leistung mit den zugehörigen Werten für Strom und Spannung.

WIRKUNGSGRAD DES SOLARMODULS

Der Wirkungsgrad η ist definiert als das Verhältnis aus der eingestrahlten Leistung P_{ein} und der von der Solarzelle abgegebenen elektrischen Leistung P_{aus} am Punkt maximaler Leistung.

Die Solarzelle gibt die maximale elektrische Leistung im Maximum Power Point ab. Der Wert für P_{aus} ist also schon bekannt (in diesem Beispiel $P_{aus} = 0{,}311$ W).

a| Mit dem Strahlungsleistungsmessgerät wird die Leistung des eingestrahlten Lichts pro Fläche (Bestrahlungsstärke E_E) gemessen. Für die Ermittlung der Leistung P_{ein}, die auf die Solarzelle trifft, muss dieser Wert mit der effektiven Fläche des Solarmoduls multipliziert werden.

$$P_{ein} = E_E \cdot A$$

P_{ein} = Leistung des Lichts, die auf das Solarmodul trifft (W)

E_E = Bestrahlungsstärke ($\frac{\mathrm{W}}{\mathrm{m}^2}$)

A = effektive Fläche des Solarmoduls (m^2)

Der Wirkungsgrad lässt sich nun mit $\eta = \frac{P_{aus}}{P_{ein}}$ berechnen.

b| Steht für die Messung der Strahlungsleistung kein Messgerät zur Verfügung, kann das Multimeter zur Abschätzung der eingestrahlten Lichtleistung verwendet werden. Dafür nutzt man die Tatsache, dass der Kurzschlussstrom (maximaler Photostrom) proportional zu den auf die Solarzelle treffenden Photonen (Strahlung) ist. Der Kurzschlussstrom ist also proportional zur eingestrahlten Lichtleistung.

Die Leerlaufspannung ist charakteristisch für das Halbleitermaterial, aus dem die Solarzelle besteht. Sie ist nicht proportional zum eingestrahlten Licht und kann deshalb für diese Messung nicht genutzt werden. Damit das Multimeter als Messgerät für die Lichtleistung verwendet werden kann, muss der am Multimeter angezeigte Kurzschlussstrom mit einem Faktor F multipliziert werden, um eine quantitative Aussage über die Lichtleistung zu erhalten. Dieser Faktor hängt von dem Maximalwert des Kurzschlussstromes der Solarzelle ab. Die maximale Leistung des eingestrahlten Lichts pro Fläche bei Sonnenschein im Sommer beträgt ca. 1000 $\mathrm{W/m^2}$. Der vom Hersteller angegebene Maximalwert für den Kurzschlussstrom wird bei dieser Einstrahlungsleistung erreicht. Die Kenndaten der Solarmodule beziehen sich auf die Standardtestbedingungen von 1000 $\mathrm{W/m^2}$ Sonneneinstrahlung bei 25 °C Zelltemperatur.

Angenommen, der maximale Kurzschlussstrom beträgt 350 mA bei Standardtestbedingungen. Der Faktor F wird dann einfach nach folgender Formel berechnet:

$$F = \frac{P_{max}(\mathrm{m}^2)}{I_{K\,max}} = \frac{1000\,\frac{\mathrm{W}}{\mathrm{m}^2}}{350\,\mathrm{mA}} = 2{,}86\,\underline{\underline{\frac{\mathrm{W}}{\mathrm{m}^2\mathrm{mA}}}}$$

Wird der am Multimeter angezeigte Kurzschlussstrom nun mit dem Faktor

$$F = 2{,}86\,\frac{\mathrm{W}}{\mathrm{m}^2\mathrm{mA}}$$

multipliziert, hat man den annähernden Wert der flächenbezogenen Strahlungsleistung, die auf das Solarmodul trifft. Für die Berechnung der auf das Solarmodul eingestrahlten Lichtleistung muss die effektive Fläche des Solarmoduls ausgemessen und mit der flächenbezogenen Strahlungsleistung multipliziert werden.

2

Beispiel:

Solarmodulfläche: 4 Zellen je 25 mm x 50 mm, $A = 5 \cdot 10^{-3}\,\mathrm{m}^2$

Kurzschlussstrom: $I_K = 180\,\mathrm{mA}$

$$P_{ein} = F \cdot I_K \cdot A = 2{,}86\,\frac{\mathrm{W}}{\mathrm{m}^2\mathrm{mA}} \cdot 180\mathrm{mA} \cdot 5 \cdot 10^{-3}\,\mathrm{m}^2 = \underline{\underline{2{,}57\,\mathrm{W}}}$$

Wie bereits ermittelt beträgt die maximal abgegebene elektrische Leistung $P_{Aus} = 0{,}311$ W (bei einer eingestrahlten Leistung von 2,57 W).

Der Wirkungsgrad lässt sich nun mit $\eta = \frac{P_{aus}}{P_{ein}}$ ermitteln.

$$\eta = \frac{P_{aus}}{P_{ein}} = \frac{0{,}311}{2{,}57} = 0{,}121 \approx \underline{\underline{12\%}}$$

A = effektive Fläche des Solarmoduls (m^2)

I_K = Kurzschlussstrom (mA)

P_{ein} = Leistung des Lichts, die auf das Solarmodul trifft (W)

P_{aus} = maximal abgegebene Leistung des Solarmoduls (W)

η = Wirkungsgrad des Solarmoduls

DISKUSSION

Die maximale Leistung kann sehr einfach aus der Leistungskurve abgelesen werden. Dieser Punkt wird MPP (Maximum Power Point) genannt.

In der Strom-Spannungs-Kennlinie beschreibt der MPP die größtmögliche Rechteckfläche, die zwischen den Koordinatenachsen (*U* und *I*) und der einschließenden Kennlinie aufgespannt werden kann.

Der Widerstand R_{MPP}, bei dem die abgegebene Leistung maximal ist, lässt sich aus folgender Gleichung ermitteln:

$$R_{MPP} = \frac{U_{MPP}}{I_{MPP}}$$

Die Wirkungsgrade polykristalliner Solarzellen liegen zwischen 14 - 16 %. Der ermittelte Wirkungsgrad liegt mit 12 % etwas darunter. Die Ursachen dafür sind in Messfehlern und Ungenauigkeiten bei der Ermittlung der eingestrahlten Lichtleistung zu finden.

Weiterhin ist der Wirkungsgrad von Solarmodulen geringer als der Wirkungsgrad der einzelnen Solarzelle. Dies hat seine Ursache in Anpassungsverlusten, die dadurch entstehen, dass nicht alle Solarzellen exakt die gleichen Eigenschaften haben. Werden die Solarzellen in Reihe zu einem Modul verschaltet, besitzen nicht alle den gleichen Maximum Power Point.

Der Wirkungsgrad der Solarzelle wird durch folgende Verlustprozesse begrenzt:

Es können nicht alle Photonen, die auf die Solarzelle treffen, in Ladungsträger umgewandelt werden. Ein Teil des Lichts wird bereits an der Solarzellenoberfläche reflektiert. Außerdem kommt es durch die metallischen Kontakte zu Abschattungen. Durch die mangelnde Übereinstimmung von Photonenenergie und Energielücke bleibt mehr als die Hälfte der eingestrahlten Energie ungenutzt. Weiterhin kommt es zur Rekombination von Ladungsträgern (Elektronen werden wieder atomar gebunden) und elektrischen Verlusten an internen Widerständen (ohmsche Verluste im Halbleitermaterial) der Solarzelle und ihrer Kontakte.

2.3. STROM-SPANNUNGS-KENNLINIE DES PEM-ELEKTROLYSEURS

Lesen Sie vor Beginn des Versuchs die Sicherheitshinweise in der Bedienungsanleitung!

HINTERGRUND

Der PEM-Elektrolyseur zersetzt Wasser in Wasserstoff und Sauerstoff: Die an den Elektrolyseur angelegte Spannung muss einen bestimmten Wert, die Zersetzungsspannung des Wassers, überschreiten, damit die Zersetzung stattfindet. Unterhalb dieser Spannung findet keine Zersetzung statt. Im folgenden Versuch soll untersucht werden, wie groß diese Spannung ist.

MATERIAL

- PEM-Elektrolyseur
- 2 Multimeter
- Spannungsquelle
  - a| regelbare Spannungsquelle, z. B. Labornetzgerät
  - b| *alternativ*: Solarmodul, in diesem Fall benötigt man zusätzlich:
    - ggf. Leuchte für den Betrieb des Solarmoduls
    - Widerstandsdekade, verschiedene Widerstände oder Potentiometer (mit ausreichender Belastbarkeit)

Schaltbild 2.3.a | Aufbau zur Ermittlung der Strom-Spannungs-Kennlinie des Elektrolyseurs mit einer regelbaren Spannungsquelle

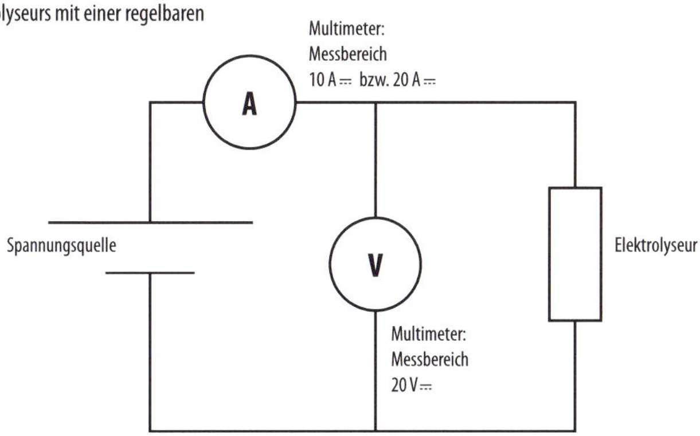

AUFBAU

a| Schließen Sie den Elektrolyseur direkt an die regelbare Gleichspannungsquelle an. Diese sollte zu Beginn auf 0V eingestellt und dann bis maximal 2,0V hochgeregelt werden. Bei mehrzelligen Elektrolyseuren (Elektrolyseur-Stack) muss die Spannung entsprechend der Zellenzahl höher sein. Für den maximalen Wert werden die 2V mit der Anzahl der Zellen multipliziert, z. B. bei 2 Zellen 4V, bei 3 Zellen 6V.

b| Bauen Sie die Schaltung nach folgendem Schaltbild auf:

Schaltbild 2.3.b | Aufbau zur Ermittlung der Strom-Spannungs-Kennlinie des Elektrolyseurs mit einer nicht regelbaren Spannungsquelle

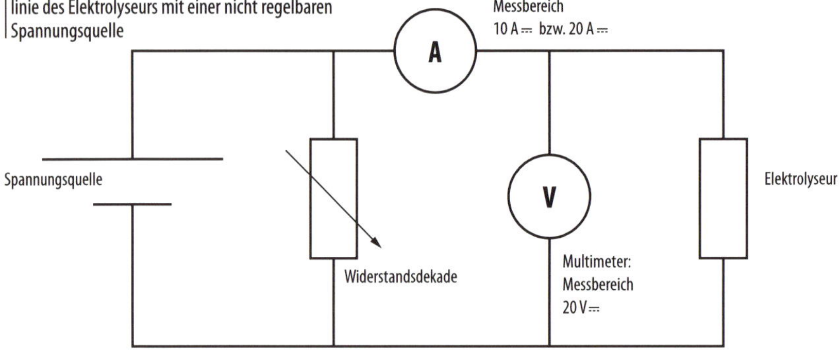

Aufbau 2.3.b |

DURCHFÜHRUNG

Nehmen Sie die Geräte nach den Anweisungen der jeweiligen Bedienungsanleitung in Betrieb.

a| Stellen Sie die Spannung an der Spannungsquelle in 0,1-Volt-Schritten kontinuierlich von 0V bis 2V höher und notieren Sie die jeweilige Spannung und die korrespondierende Stromstärke in einer Tabelle. Warten Sie zwischen den Messungen, bis sich die Werte stabilisiert haben, um repräsentative Werte zu erhalten. Achten Sie auf die einsetzende Gasproduktion und markieren Sie die dazugehörige Spannung in der Tabelle.

Beispiel (durchgeführt mit dem h-tec Electrolyzer Junior):

Tabelle 2.3.a | Messwerttabelle
Erst beim Überschreiten eines bestimmten Gleichspannungswertes produziert der PEM-Elektrolyseur kontinuierlich Wasserstoff- und Sauerstoffgas. Ab diesem Punkt beginnen die Stromwerte zu steigen. Die Tabelle zeigt die jeweiligen Stromwerte für die unterschiedlich angelegten Spannungen.

U/V	I/A
0,1	0
0,2	0
0,3	0
0,4	0
0,5	0
0,6	0
0,7	0
0,8	0
0,9	0
1	0
1,1	0
1,2	0
1,3	0,01
1,4	0,02
1,5	0,05
1,6	0,38
1,7	0,78
1,8	1,21
1,9	1,73
2	2,16

2

b| Schalten Sie die Messdekade von kleinen zu großen Widerständen durch und notieren Sie die jeweilige Spannung und die korrespondierende Stromstärke in einer Tabelle. Der Maximalwert von 2V darf bei einzelligen Elektrolyseuren nicht überschritten werden. Bei mehrzelligen Elektrolyseuren muss die Spannung entsprechend der Zellenzahl höher sein. Für den maximalen Wert werden die 2V mit der Anzahl der Zellen multipliziert, z. B. bei 2 Zellen 4V, bei 3 Zellen 6V. Warten Sie zwischen den Messungen, bis sich die Werte stabilisiert haben, um repräsentative Werte zu erhalten. Achten Sie auf die einsetzende Gasproduktion und markieren Sie die dazugehörige Spannung in der Tabelle.

AUSWERTUNG

Stellen Sie die aufgenommenen Wertepaare in einem Diagramm graphisch dar. Die sich ergebende Kurve ist die Strom-Spannungs-Kennlinie des Elektrolyseurs, die angenähert aus zwei sich schneidenden Geraden besteht (siehe Diagramm 2.3.a). Zeichnen Sie diese ein und markieren Sie den Schnittpunkt der stark ansteigenden Geraden mit der X-Achse. Der Schnittpunkt gibt die Zersetzungsspannung U_Z an.

Beispiel (durchgeführt mit dem h-tec Electrolyzer Junior):

Diagramm 2.3.a | Strom-Spannungs-Kennlinie des Elektrolyseurs

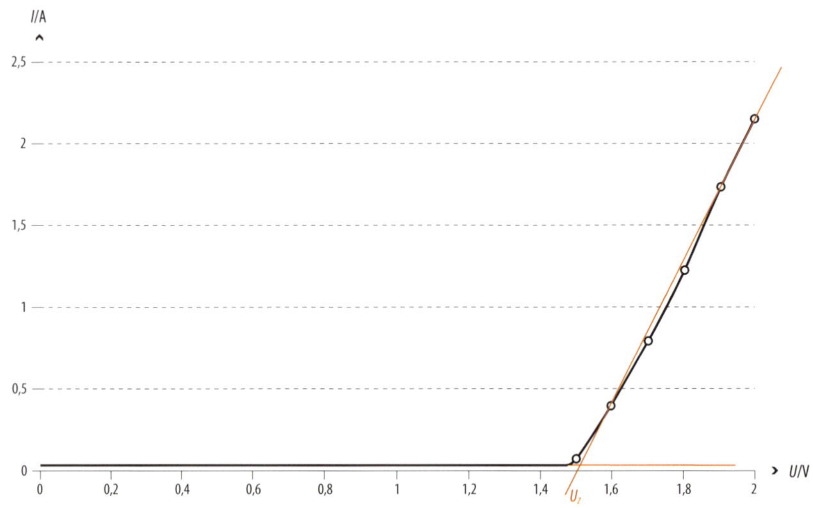

DISKUSSION

Im Diagramm 2.3.a ist die Abhängigkeit der Stromstärke von der angelegten Spannung aufgetragen. Aus dem Kurvenverlauf lässt sich gut erkennen, dass erst ab einer bestimmten Spannung der Strom zu fließen beginnt.

Erst wenn ein deutlich messbarer Strom fließt, hat die Zersetzung des Wassers eingesetzt. In unserem Beispiel bei 1,5 V (siehe Tabelle 2.3.a).

Die Zersetzungsspannung liegt dort, wo sich die Gerade größerer Steigung und die Abszisse (X- Achse) schneiden.

Die theoretische Zersetzungsspannung von Wasser beträgt 1,23V. Unterhalb dieser Spannung findet keine Zersetzung statt. In der Praxis ist diese Spannung jedoch aufgrund von Verlusten im Elektrolyseur höher. Die Differenz zwischen theoretischem und praktischem Spannungswert ist von mehreren Parametern abhängig, z. B. von der Art und Beschaffenheit des Elektrodenmaterials, dem Elektrolyten und der Temperatur.

2.4. ENERGETISCHER UND FARADAYSCHER WIRKUNSGRAD DES PEM-ELEKTROLYSEURS

Lesen Sie vor Beginn des Versuchs die Sicherheitshinweise in der Bedienungsanleitung!

MATERIAL

- PEM-Elektrolyseur
- Wasserstoffspeicher mit Skala
- 2 Multimeter
- Stoppuhr
- Spannungsquelle
  a| regelbare Spannungsquelle, z. B. Labornetzgerät
  b| *alternativ*: nicht regelbare Spannungsquelle, z. B. Solarmodul. In diesem Fall benötigt man zusätzlich:
  - ggf. Leuchte für den Betrieb des Solarmoduls

AUFBAU

a| Schließen Sie den Elektrolyseur an die regelbare Spannungsquelle an. Stellen Sie einen Spannungswert von z. B. 1,9 V (größer als 1,5 V und kleiner als 2 V) ein. Bei mehrzelligen Elektrolyseuren (Elektrolyseur-Stack) muss die Spannung entsprechend der Zellenzahl höher sein. Für den maximalen Wert werden die 2 V mit der Anzahl der Zellen multipliziert, z. B. bei 2 Zellen 4 V, bei 3 Zellen 6 V.

Schaltbild 2.4.a | Aufbau zur Ermittlung des energetischen und faradayschen Wirkungsgrades des Elektrolyseurs mit einer regelbaren Spannungsquelle

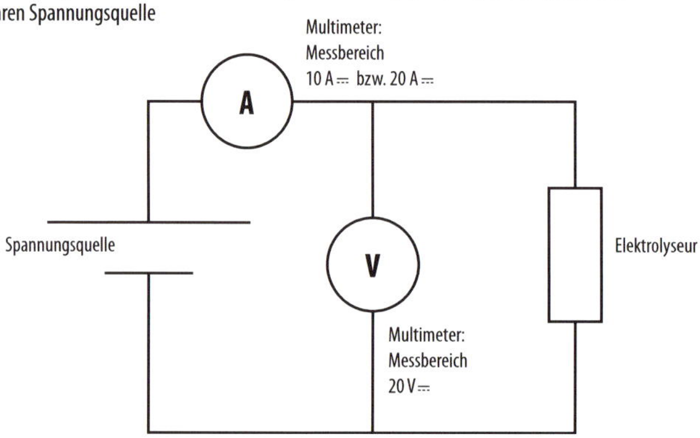

b| Schließen Sie den Elektrolyseur an das Solarmodul an und beleuchten Sie das Solarmodul. Es stellt sich ein Spannungswert zwischen 1,5 und 2V ein.

VERSUCHSDURCHFÜHRUNG

Nehmen Sie die Geräte nach den Anweisungen der jeweiligen Bedienungsanleitung in Betrieb.

Das System sollte vor dem Versuch mehrere Minuten Gas produzieren. Unterbrechen Sie dann die Stromversorgung zum Elektrolyseur. Öffnen Sie die Ausgangsventile der Gasspeicher, um produzierte Gase vollständig abzulassen. Wenn die Gase entfernt wurden, sind die Speicher komplett mit destilliertem Wasser gefüllt. Der Wasserspiegel muss also mit der Linie 0 cm^3 deckungsgleich sein, wenn man senkrecht auf die Speicherskala schaut. Schließen Sie nun die Ausgangsventile der Gasspeicher.

Starten Sie die Zeitmessung in dem Moment, in dem Sie den Elektrolyseur mit der Spannungsquelle verbinden. Notieren Sie die Zeit, die am Elektrolyseur anliegende Spannung und den durch ihn fließenden Strom bei gut ablesbaren Gasmengen (z. B. 5 cm^3, 10 cm^3, 15 cm^3, 20 cm^3). Die letzten Messungen werden durchgeführt, wenn der Wasserstoffspeicher maximal mit Gas gefüllt ist. In unserem Beispiel entspricht dies 20 cm^3.

Beispiel (durchgeführt mit dem h-tec Electrolyzer Junior):

Tabelle 2.4.a | Messwerttabelle
Überschreitet die angelegte Gleichspannung an einem PEM-Elektrolyseur eine bestimmte Größe, produziert er kontinuierlich Wasserstoff- und Sauerstoffgas. Für bestimmte produzierte Wasserstoffgasvolumen (in 5 cm^3 Schritten) wurden in dieser Tabelle die Zeit-, Spannungs- und Stromwerte aufgenommen.

V_{H_2}/cm^3	t/s	U/V	I/A	P/W berechnet $P=U\cdot I$
0	0	1,9	1,73	3,29
5	23	1,9	1,73	3,29
10	47	1,9	1,73	3,29
15	68	1,9	1,73	3,29
20	92	1,9	1,73	3,29

2

HINTERGRUND

Der energetische Wirkungsgrad $\eta_{energetisch}$ gibt an, wie viel der zugeführten Energie E_{zu} als tatsächlich nutzbare Energie E_{nutz} das System, in diesem Fall den Elektrolyseur, verlässt.

$$\eta_{energetisch} = \frac{E_{nutz}}{E_{zu}} = \frac{E_{Wasserstoff}}{E_{elektrisch}}$$

Je größer der Wirkungsgrad ist, desto besser ist die Energienutzung.

AUSWERTUNG TEIL I

Tragen Sie das produzierte Gasvolumen in Abhängigkeit von der Zeit in einem Diagramm auf.

Diagramm 2.4.a | Gasvolumen-/Zeit-Diagramm eines Elektrolyseurs (bei $\overline{P} = 3{,}29\,W$)

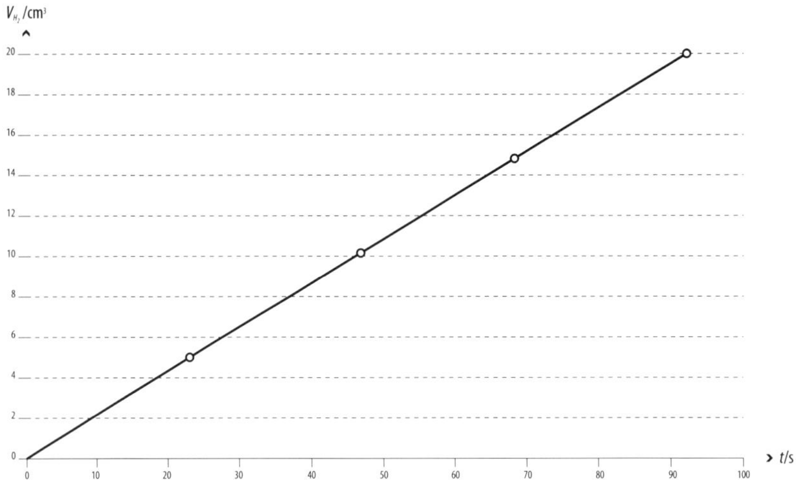

AUSWERTUNG TEIL II

Berechnen Sie den energetischen Wirkungsgrad des Elektrolyseurs.

Beispiel (durchgeführt mit dem h-tec Electrolyzer Junior):

$$\eta_{energetisch} = \frac{E_{Wasserstoff}}{E_{elektrisch}} = \frac{V_{H_2} \cdot H_O}{\bar{U} \cdot \bar{I} \cdot t}$$

$$\eta_{energetisch} = \frac{2 \cdot 10^{-5}\,\mathrm{m}^3 \cdot 12{,}745 \cdot 10^6 \,\frac{\mathrm{J}}{\mathrm{m}^3}}{1{,}9V \cdot 1{,}73\mathrm{A} \cdot 92\mathrm{s}} = 0{,}843 \approx \underline{\underline{84\%}}$$

H_O = Brennwert[1] des Wasserstoffs $= 12{,}745 \cdot 10^6 \,\frac{\mathrm{J}}{\mathrm{m}^3}$
V_{H_2} = erzeugte Menge Wasserstoff in m^3
U = Spannung in V
I = Strom in A
t = Zeit in s

DISKUSSION

In der Tabelle 2.4.a ist zu sehen, dass die elektrische Leistungsaufnahme des Elektrolyseurs über die Zeit konstant ist. Ebenso ist die Wasserstoffproduktion konstant, denn im Gasvolumen/Zeit-Diagramm sieht man, dass das produzierte Gasvolumen linear von der Zeit abhängt.

In diesem Beispiel beträgt der energetische Wirkungsgrad des Elektrolyseurs 84 %. Das heißt, dass 84 % der elektrischen Energie, mit der wir den Elektrolyseur betreiben, in Wasserstoffgas gespeichert sind.

Verluste entstehen durch die elektrodenspezifischen Überspannungen (die Überspannung ist allgemein die Abweichung der theoretischen Zersetzungsspannung von der tatsächlichen, experimentell ermittelten Zersetzungsspannung), den Innenwiderstand der Elektrolysezelle und die Diffusionsverluste der Gase innerhalb der Zelle.

[1]_Als Brennwert H_O (auch oberer Heizwert genannt) wird die Energie bezeichnet, die bei der Verbrennung eines Stoffes (Oxidation) frei wird. Dabei wird auch die Energie einbezogen, die der durch die Verbrennung verursachte Wasserdampf als Kondensationswärme enthält. Die Nutzung dieser Energie ist in konventionellen Feuerungen nicht möglich. Deshalb wird zusätzlich ein Wert formuliert, der die Kondensationswärme vernachlässigt. Diese Größe bezeichnet man als Heizwert H_U, der für die Berechnung des Wirkungsgrades bei Heizungsanlagen, Motoren und Brennstoffzellen verwendet wird.

Faradayscher Wirkungsgrad des PEM-Elektrolyseurs

HINTERGRUND

Mit dem zweiten faradayschen Gesetz und der stoffmengenbezogenen Zustandsgleichung für Gase lässt sich ein Zusammenhang zwischen dem fließenden Strom und der theoretisch erzeugten Gasmenge des Elektrolyseurs herstellen.

Aus dem Verhältnis von tatsächlich erzeugter Gasmenge zu theoretisch berechneter Gasmenge erhält man den faradayschen Wirkungsgrad des Elektrolyseurs.

AUSWERTUNG

Das 2. faradaysche Gesetz lautet:

$$Q = I \cdot t = n \cdot z \cdot F$$

Die stoffmengenbezogene Zustandsgleichung für Gase lautet:

$$p \cdot V = n \cdot R \cdot T$$

Verbindet man beide Formeln, lässt sich das Gasvolumen wie folgt berechnen:

$$V = \frac{R \cdot I \cdot T \cdot t}{F \cdot p \cdot z}$$

V = theoretisch erzeugtes Gasvolumen in m^3

R = universelle Gaskonstante = $8{,}314 \frac{J}{mol \cdot K}$

p = Umgebungsdruck in Pa ($1\,Pa = 1 \frac{N}{m^2}$)

F = Faradaykonstante $= 96485 \frac{C}{mol} (1\,C = 1\,As)$

T = Umgebungstemperatur in K

I = Strom in A

t = Zeit in s

Q = elektrische Ladung in C

n = Stoffmenge in mol

z = Anzahl der Elektronen, um ein Molekül abzuscheiden:

$z(H_2) = 2$, d. h., es werden 2 mol Elektronen benötigt, um 1 mol Wasserstoff freizusetzen.

$z(O_2) = 4$

Wird bei diesem Versuch ein Elektrolyseur-Stack (mehrere Elektrolysezellen elektrisch in Reihe verschaltet) verwendet, berücksichtigen Sie bitte bei der Berechnung des Volumens, dass der Strom durch jede einzelne Zelle fließt, d. h., das Gasvolumen entsteht in jeder Einzelzelle und summiert sich über den Stack auf.

$$V(errechnet) = \frac{R \cdot \bar{I} \cdot T \cdot t}{F \cdot p \cdot z} = \frac{8{,}314 \frac{\text{J}}{\text{mol} \cdot \text{K}} \cdot 1{,}73\text{A} \cdot 298\text{K} \cdot 92\text{s}}{96485 \frac{\text{C}}{\text{mol}} \cdot 1{,}013 \cdot 10^5 \, \text{Pa} \cdot 2}$$

$$V(errechnet) = 2{,}02 \cdot 10^{-5} \text{m}^3 = \underline{\underline{20{,}2\,\text{cm}^3}}$$

Den faradayschen Wirkungsgrad erhält man aus folgender Formel:

$$\eta_{Faraday} = \frac{V_{H_2}(erzeugt)}{V_{H_2}(errechnet)}$$

Das experimentell erzeugte Wasserstoffvolumen beträgt:

$$V_{H_2}(erzeugt) = 20\ \text{cm}^3$$

Der faradaysche Wirkungsgrad beträgt demzufolge:

$$\eta_{Faraday} = \frac{20\ \text{cm}^3}{20{,}2\,\text{cm}^3} = 0{,}99$$

$$\eta_{Faraday} = \underline{\underline{99\ \%}}$$

2

DISKUSSION

Der Unterschied zwischen theoretisch und tatsächlich erzeugter Gasmenge ist sehr gering, d. h., dass der elektrische Strom fast ausschließlich für die beabsichtigte Reaktion (spalten des Wassers in Wasserstoff und Sauerstoff) umgesetzt wird. Es finden keine weiteren Nebenreaktionen statt. Es können ganz geringe Diffusionsverluste der Gase innerhalb der Zelle auftreten. Die Diffusionsverluste entstehen dadurch, dass ein sehr kleiner Teil der Gase durch die Membran des Elektrolyseurs diffundiert und am Katalysator zu Wasser reagiert. Es wird ein kleiner Teil des erzeugten Gases direkt wieder umgesetzt, ohne dass es aus der Zelle austreten kann.

VERSUCHE MIT DER PEM-BRENNSTOFFZELLE

Für diese Versuche ist eine gute Befeuchtung der Brennstoffzelle notwendig (siehe Bedienungsanleitung). Sollten sich jedoch zu viele Wassertropfen in der Zelle befinden, können diese die Gaswege blockieren und die Brennstoffzelle kann nicht die gewünschte Leistung erbringen. Wir empfehlen deshalb:

- Nehmen Sie die Brennstoffzelle entsprechend der Bedienungsanleitung in Betrieb.
- Stoppen Sie den Betrieb vorübergehend, indem Sie die Spannungsversorgung zum Elektrolyseur unterbrechen und die Last von der Brennstoffzelle abklemmen.
- Ziehen Sie die zur Brennstoffzelle führenden Gasversorgungsschläuche an den Speichern ab, öffnen Sie die Entlüftungsklemmen an der Brennstoffzelle und blasen Sie kurz und kräftig durch die Zelle. Hierdurch werden Wassertropfen hinausgedrückt.

Schließen Sie die Ausgänge der Brennstoffzelle wieder und verbinden Sie erneut die Schläuche mit den Speichern.

2.5. STROM-SPANNUNGS-KENNLINIE UND LEISTUNGSKURVE DER PEM-BRENNSTOFFZELLE

Lesen Sie vor Beginn des Versuchs die Sicherheitshinweise in der Bedienungsanleitung!

HINTERGRUND:

In der Brennstoffzelle reagieren der von außen zugeführte Wasserstoff und Sauerstoff zu Wasser unter Abgabe von Strom und Wärme.

Die abgegebene Leistung der Brennstoffzelle ist vom Lastwiderstand abhängig. Im folgenden Versuch soll untersucht werden, bei welchem Widerstand und somit welcher Stromstärke die Leistungsausbeute maximal ist.

MATERIAL

- PEM-Brennstoffzelle
- 2 Multimeter
- Widerstandsdekade, verschiedene Widerstände oder Potentiometer

· Wasserstoffquelle
  a| Elektrolyseur mit Gasspeicher, in diesem Fall benötigt man zusätzlich:
    - Spannungsquelle, wie z. B. Solarmodul oder Labornetzgerät
    - ggf. Leuchte für den Betrieb des Solarmoduls
  b| Wasserstoffspeicher, z. B. Druckgasdose, Metallhydridspeicher

AUFBAU

Bauen Sie die Schaltung nach folgendem Schaltbild auf:

Schaltbild 2.5.a | Aufbau zur Ermittlung der Strom-Spannungs-Kennlinien der Brennstoffzelle

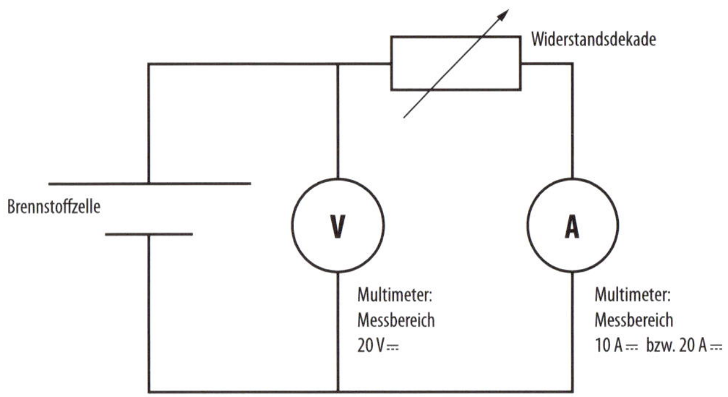

Aufbau 2.5.a

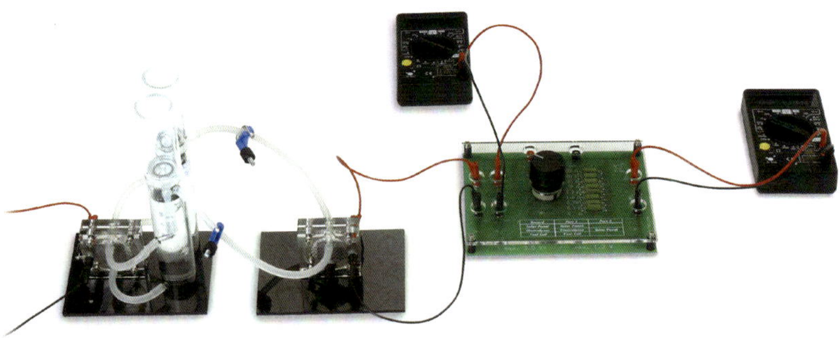

DURCHFÜHRUNG

Nehmen Sie die Geräte nach den Anweisungen der jeweiligen Bedienungsanleitung in Betrieb. Beachten Sie, dass bei Wasserstoff/Luft-Brennstoffzellen kein zusätzlicher Sauerstoff notwendig ist, d. h., die folgende Beschreibung bezieht sich dann nur auf den Wasserstoff.

a| Schließen Sie den Elektrolyseur an die Stromquelle an, um Wasserstoff und Sauerstoff zu produzieren. Verbinden Sie die Ausgangsanschlüsse des Elektrolyseurs mit den Eingangsanschlüssen der Brennstoffzelle. Verschließen Sie die Ausgänge der Brennstoffzelle. Nachdem Sie ca. 5 cm^3 Wasserstoffgas produziert haben, öffnen Sie die Ausgänge der Brennstoffzelle, durchspülen sie mit Gasen und verschließen sie dann wieder. Dies dient dazu, Restgase zu entfernen, die die Messung verfälschen. Damit die Brennstoffzelle vor der Messung keinen Wasserstoff verbraucht, muss sie auf Leerlauf (offene Klemmen, kein Stromfluss) geschaltet sein.

Beginnen Sie die tabellarische Aufnahme der Strom-Spannungs-Kennlinie mit der Leerlaufspannung ($R = \infty$). Schalten Sie die Widerstandsdekade von größeren zu kleineren Widerständen durch und notieren Sie jeweils die Spannungs- und Stromwerte. Warten Sie zwischen den einzelnen Messungen 20 Sekunden, um repräsentative Ergebnisse zu erhalten.

Beispiel (durchgeführt mit dem h-tec Wasserstoff-Experimentiersystem JuniorBasic):

Tabelle 2.5.a | Messwerttabelle: Messung der Spannungs- und Stromwerte der Brennstoffzelle bei unterschiedlichen Lastwiderständen.

R / Ω	U / V	I / A	P / W berechnet $P = U \cdot I$
∞	0,99	0	0
330	0,97	0,01	0,01
100	0,95	0,01	0,01
33	0,9	0,03	0,027
10	0,84	0,08	0,067
3,3	0,76	0,22	0,167
1	0,62	0,56	0,347
0,33	0,47	1,05	0,494
0,1	0,32	1,43	0,458
0	0,24	1,61	0,386

2

b| Verschließen Sie den Ausgang der Brennstoffzelle. Verbinden Sie den Ausgangsanschluss der Wasserstoffquelle mit dem Eingangsanschluss der Brennstoffzelle (siehe Bedienungsanleitung). Öffnen Sie den Ausgang der Brennstoffzelle, durchspülen Sie die Zelle kurz mit Wasserstoff und verschließen Sie den Ausgang wieder. Dies dient dazu, Restgase zu entfernen, die die Messung verfälschen. Damit die Brennstoffzelle vor der Messung keinen Wasserstoff verbraucht, muss sie auf Leerlauf (offene Klemmen, kein Stromfluss) geschaltet sein.

Beginnen Sie die tabellarische Aufnahme der Strom- Spannungs- Kennlinie mit der Leerlaufspannung ($R = \infty$). Schalten Sie die Widerstandsdekade von größeren zu kleineren Widerständen durch und notieren Sie jeweils die Spannungs- und Stromwerte. Warten Sie zwischen den einzelnen Messungen 20 Sekunden, um repräsentative Ergebnisse zu erhalten.

AUSWERTUNG

Stellen Sie die aufgenommenen Werte als Strom-Spannungs-Kennlinie in einem Diagramm dar.

Diagramm 2.5.a | Strom-Spannungs-Kennlinie der Brennstoffzelle

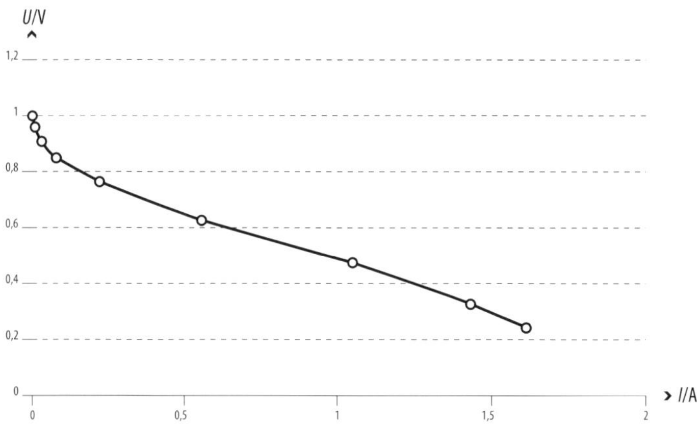

Stellen Sie die Leistung in Abhängigkeit des Stroms graphisch dar.

Diagramm 2.5.b | Leistungskurve der Brennstoffzelle

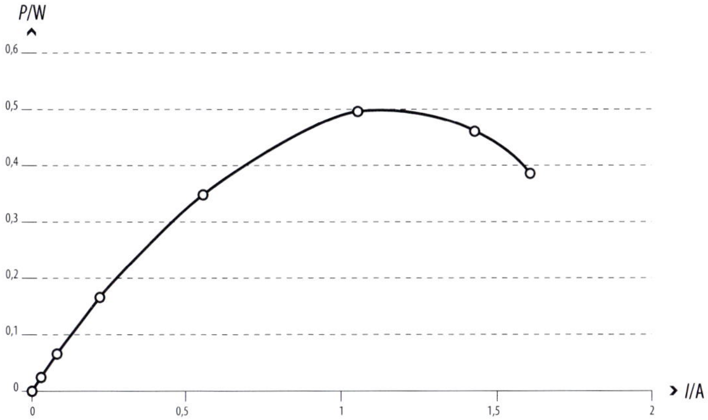

2

DISKUSSION

Aus der Leistungskurve kann gut erkannt werden, bei welchem Strom die Brennstoffzelle die größte Leistung abgibt. Die maximale Leistung erreicht die Brennstoffzelle bei 1,05 A, was einem Lastwiderstand von 0,33 Ω entspricht.

2.6. ENERGETISCHER UND FARADAYSCHER WIRKUNGSGRAD DER PEM-BRENNSTOFFZELLE

Lesen Sie vor Beginn des Versuchs die Sicherheitshinweise in der Bedienungsanleitung!

MATERIAL

- PEM-Brennstoffzelle
- Wasserstoffquelle, z. B. PEM-Elektrolyseur und Speicher mit Skala
- Spannungsquelle, wie z. B. Solarmodul oder Labornetzgerät, für den Elektrolyseur
- ggf. Leuchte für den Betrieb des Solarmoduls
- 2 Multimeter
- Widerstandsdekade, verschiedene Widerstände oder Potentiometer
- Stoppuhr

AUFBAU

Bauen Sie die Schaltung nach folgendem Schaltbild auf:

Schaltbild 2.6. | Aufbau zur Ermittlung des energetischen und faradayschen Wirkungsgrades der Brennstoffzelle

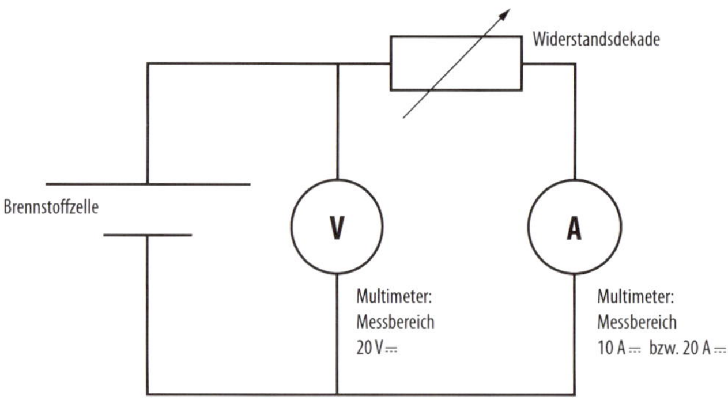

Aufbau 2.6.

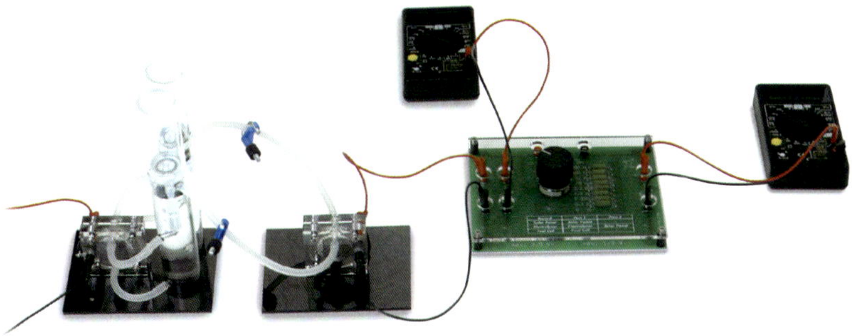

DURCHFÜHRUNG

Nehmen Sie die Geräte nach den Anweisungen der jeweiligen Bedienungsanleitung in Betrieb.

Verbinden Sie die Ausgangsanschlüsse des Wasserstoffspeichers vom Elektrolyseur mit den Eingangsanschlüssen der Brennstoffzelle. Verschließen Sie die Ausgänge der Brennstoffzelle. Produzieren Sie Wasserstoffgas, öffnen Sie dann kurz die Ausgänge der Brennstoffzelle, damit das System entlüftet wird, und schließen Sie sie danach wieder. Produzieren Sie das vom Gerät abhängige maximal mögliche Wasserstoffvolumen (im Beispiel 20 cm^3). Unterbrechen Sie die Stromversorgung zum Elektrolyseur und die elektrische Verbindung der Brennstoffzelle mit der Widerstandsdekade. Schalten Sie die Widerstandsdekade auf den Widerstand, bei dem Sie den energetischen Wirkungsgrad bestimmen wollen (z. B. 3,3 Ω). Schließen Sie den Stromkreis zwischen Brennstoffzelle und Widerstandsdekade wieder und starten Sie im gleichen Moment die Zeitmessung.

Notieren Sie die Messwerte für Zeit, Spannung und Strom nach konstanten Volumenschritten (z. B. 5 cm^3) bei unverändertem Widerstand. Achten Sie darauf, dass die Stromwerte nicht zu stark schwanken. Wenn der Strom im Laufe der Messung beträchtlich abnimmt, kann die Ursache darin liegen, dass noch Restgase in den Speichern vorhanden sind, die die Funktion der Brennstoffzelle beeinträchtigen. Dieses Problem kann auch auftreten, wenn nur noch wenig Wasserstoff im Speicher vorhanden ist (z. B. nur noch 5 cm^3).

Beispiel (durchgeführt mit dem h-tec Wasserstoff-Experimentiersystem JuniorBasic):

Tabelle 2.6. Messwerttabelle
Wird einer Brennstoffzelle Wasserstoffgas zugeführt, wandelt sie diesen Brennstoff kontinuierlich in elektrische Energie um. In dieser Tabelle wurden für bestimmte verbrauchte Wasserstoffgasvolumen (in 5 cm³ - Schritten) die Zeit-, Spannungs- und Stromwerte aufgenommen.

Speicherinhalt V_{H_2} / cm³	t / s	U / V	I / A	P / W berechnet $P = U \cdot I$
20	0	0,73	0,21	0,153
15	175	0,72	0,21	0,151
10	356	0,72	0,21	0,151
Mittelwert		$\bar{U} = 0{,}72$	$\bar{I} = 0{,}21$	$\bar{P} = 0{,}152$

Energetischer Wirkungsgrad der PEM-Brennstoffzelle

HINTERGRUND

Der energetische Wirkungsgrad $\eta_{energetisch}$ gibt an, wie viel der zugeführten Energie E_{zu} als tatsächlich nutzbare Energie E_{nutz} das System, in diesem Fall die Brennstoffzelle, verlässt.

$$\eta_{energetisch} = \frac{E_{nutz}}{E_{zu}} = \frac{E_{elektrisch}}{E_{Wasserstoff}}$$

Je größer der Wirkungsgrad ist, desto besser ist die Energienutzung.

AUSWERTUNG TEIL I

Tragen Sie den Speicherinhalt bzw. das verbrauchte Gasvolumen in Abhängigkeit von der Zeit in einem Diagramm auf.

Diagramm 2.6.a | Speicherinhalt/Zeit-Diagramm einer Brennstoffzelle bei $\overline{P} = 0{,}152$ W

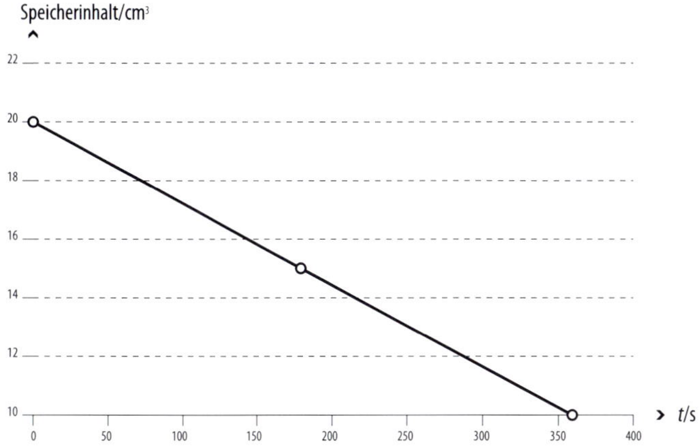

Diagramm 2.6.b | Wasserstoffverbrauch/Zeit-Diagramm einer Brennstoffzelle bei $\overline{P} = 0{,}152$ W

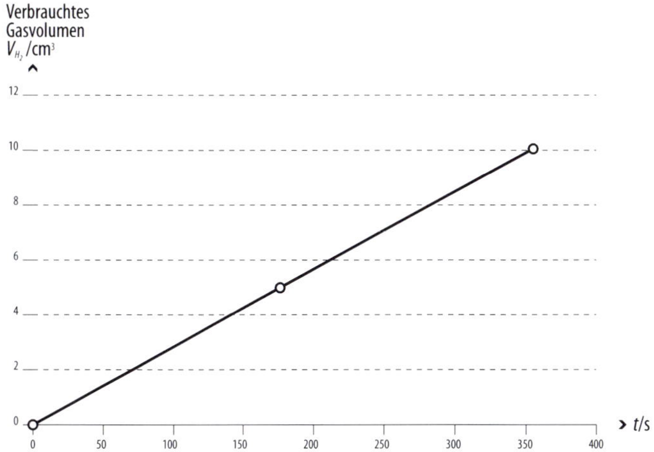

AUSWERTUNG TEIL II

Berechnen Sie den energetischen Wirkungsgrad der Brennstoffzelle.

$$\eta_{energetisch} = \frac{E_{elektrisch}}{E_{Wasserstoff}} = \frac{\bar{U} \cdot \bar{I} \cdot t}{V_{H_2} \cdot H_u}$$

$$\eta_{energetisch} = \frac{0{,}72\,\text{V} \cdot 0{,}21\,\text{A} \cdot 356\,\text{s}}{10 \cdot 10^{-6}\,\text{m}^3 \cdot 10{,}8 \cdot 10^6\,\frac{\text{J}}{\text{m}^3}} = 0{,}498 \approx \underline{\underline{50\,\%}}$$

H_u = Heizwert[1] des Wasserstoffs $= 10{,}8 \cdot 10^6\,\frac{\text{J}}{\text{m}^3}$ (auch unterer Heizwert genannt)

V_{H_2} = verbrauchte Menge Wasserstoff in m³
U = Spannung in V
I = Strom in A
t = Zeit in s

DISKUSSION

In den Diagrammen 2.6.a und 2.6.b sieht man, dass das verbrauchte Gasvolumen direkt proportional zur Zeit ist.

Der energetische Wirkungsgrad der Brennstoffzelle beträgt in unserem Beispiel 50 %. Das heißt, dass 50 % der im Wasserstoff gespeicherten Energie, mit der wir die Brennstoffzelle betreiben, als elektrische Energie abgegeben wird.

Zusätzlich gibt die Brennstoffzelle auch Wärme ab. Wird diese Wärme nicht genutzt, ist sie als Verlustenergie anzusehen. Dadurch ist der energetische Wirkungsgrad von vornherein begrenzt. Dafür wird ein idealer Wirkungsgrad η_{id} definiert, der der Quotient aus der freien Reaktionsenthalpie ΔG (die bei der Reaktion freiwerdende Arbeit, z. B. in Form von elektrischer Energie) und der Reaktionsenthalpie ΔH (die bei der Reaktion freiwerdende Gesamtenergie) ist.

$$\eta_{id} = \frac{\Delta G}{\Delta H}$$

---

[1] _Als Heizwert H_U wird die Energie bezeichnet, die bei der Verbrennung eines Stoffes (Oxidation) frei wird. Dabei wird die Energie, die der durch die Verbrennung verursachte Wasserdampf als Kondensationswärme enthält, nicht mit einbezogen.
Die Nutzung dieser Energie ist z. B. bei Heizungsanlagen, Motoren und Brennstoffzellen nicht möglich.

Die Differenz zwischen freier Reaktionsenthalpie ΔG und der Reaktionsenthalpie ΔH ist die freiwerdende Wärme Q. Die Wärme kann als Produkt aus der Temperatur T und der Reaktionsentropie ΔS beschrieben werden.

$$Q = T \cdot \Delta S$$

Die Reaktionsenthalpie lässt sich mit folgender Gleichung bestimmen:

$$\Delta H = \Delta G + T \cdot \Delta S$$

Der ideale Wirkungsgrad η_{id} wird nach folgender Formel berechnet:

$$\eta_{id} = \frac{\Delta G}{\Delta H} = \frac{\Delta H - T \cdot \Delta S}{\Delta H} = 1 - \frac{T \cdot \Delta S}{\Delta H} = 1 - \frac{298\,\mathrm{K}\left(-162{,}985\,\frac{\mathrm{J}}{\mathrm{K\,mol}}\right)}{-285840\,\frac{\mathrm{J}}{\mathrm{mol}}}$$

$$\eta_{id} = 0{,}83 = \underline{\underline{83\,\%}}$$

$T = 298\,\mathrm{K}$

$\Delta S = -162{,}985\,\frac{\mathrm{J}}{\mathrm{K\,mol}}$ (bei Standarddruck und -temperatur)

$\Delta H = -285840\,\frac{\mathrm{J}}{\mathrm{mol}}$ (bei Standarddruck und -temperatur)

Der energetische Wirkungsgrad von 83 % wird aufgrund von Spannungsverlusten, die sich auch als Wärme auswirken, weiter begrenzt. Die ideale Zellspannung von 1,23 Volt wird durch die elektrodenspezifischen Überspannungen, den Innenwiderstand der Brennstoffzelle und Diffusionsverluste innerhalb der Brennstoffzelle nicht erreicht.

Der Wirkungsgrad der Brennstoffzelle ist ähnlich dem des Elektrolyseurs stark leistungsabhängig. Besitzt der Verbraucher einen großen elektrischen Widerstand, ist zwar der Wirkungsgrad der Brennstoffzelle hoch, sie läuft jedoch nur im Teillastbereich. Man entnimmt ihr also weniger Leistung, als sie produzieren kann.

Um herauszufinden, bei welchem Lastwiderstand der energetische Wirkungsgrad der Brennstoffzelle am größten ist, kann dieser Versuch mit verschiedenen Widerständen wiederholt werden (empfohlen 10 Ω bis 0,1 Ω).

2

Faradayscher Wirkungsgrad der PEM-Brennstoffzelle

HINTERGRUND

Mit dem zweiten faradayschen Gesetz und der stoffmengenbezogenen Zustandsgleichung für Gase lässt sich ein Zusammenhang zwischen dem fließenden Strom und der theoretisch verbrauchten Gasmenge der Brennstoffzelle herstellen.

Aus dem Verhältnis von theoretisch berechneter Gasmenge zu tatsächlich verbrauchter Gasmenge erhält man den faradayschen Wirkungsgrad der Brennstoffzelle.

AUSWERTUNG

Das 2. faradaysche Gesetz lautet:

$$Q = I \cdot t = n \cdot z \cdot F$$

Die stoffmengenbezogene Zustandsgleichung für Gase lautet:

$$p \cdot V = n \cdot R \cdot T$$

Verbindet man beide Formeln, lässt sich das Gasvolumen wie folgt berechnen:

$$V = \frac{R \cdot I \cdot T \cdot t}{F \cdot p \cdot z}$$

V = theoretisches Gasvolumen in m^3

R = universelle Gaskonstante $= 8{,}314 \frac{\mathrm{J}}{\mathrm{mol \cdot K}}$

p = Umgebungsdruck in Pa $\left(1\,\mathrm{Pa} = 1 \frac{\mathrm{N}}{\mathrm{m}^2}\right)$

F = Faradaykonstante $= 96485 \frac{\mathrm{C}}{\mathrm{mol}} (1\,\mathrm{C} = 1\,\mathrm{As})$

T = Umgebungstemperatur in K

I = Strom in A

t = Zeit in s

Q = elektrische Ladung in C

n = Stoffmenge in mol

z = Anzahl der Elektronen, um ein Molekül abzuscheiden:
$z(H_2) = 2$, d. h., es werden 2 mol Elektronen benötigt, um 1 mol Wasserstoff freizusetzen.
$z(O_2) = 4$

Wird bei diesem Versuch ein Brennstoffzellen-Stack (mehrere Brennstoffzellenzellen elektrisch in Reihe verschaltet) verwendet, berücksichtigen Sie bitte bei der Berechnung des Volumens, dass der Strom durch jede einzelne Zelle fließt, d. h., das Gasvolumen wird in jeder Einzelzelle verbraucht.
Den faradayschen Wirkungsgrad erhält man aus folgender Formel:

$$\eta_{Faraday} = \frac{V_{H_2}(\text{errechnet})}{V_{H_2}(\text{verbraucht})}$$

Beispiel (durchgeführt mit dem h-tec Wasserstoff-Experimentiersystem JuniorBasic):

$$V_{H_2}(\text{verbraucht}) = 10\ \text{cm}^3$$

$$V_{H_2}(\text{errechnet}) = \frac{R \cdot \bar{I} \cdot T \cdot t}{F \cdot p \cdot z} = \frac{8{,}314 \cdot \left(\frac{\text{J}}{\text{mol} \cdot \text{K}}\right) \cdot 0{,}21\,\text{A} \cdot 298\ \text{K} \cdot 356\ \text{s}}{96485 \frac{\text{C}}{\text{mol}} \cdot 1{,}013 \cdot 10^5\,\text{Pa} \cdot 2}$$

$$V_{H_2}(\text{errechnet}) = 9{,}48 \cdot 10^{-6}\,\text{m}^3 = \underline{\underline{9{,}48\ \text{cm}^3}}$$

$$\eta_{Faraday} = \frac{9{,}48\ \text{cm}^3}{10\ \text{cm}^3} = 0{,}948 \approx \underline{\underline{95\ \%}}$$

DISKUSSION

Die tatsächlich verbrauchte Gasmenge ist etwas größer als die errechnete, weil in der Brennstoffzelle ähnliche Diffusionsverluste wie beim Elektrolyseur auftreten.

Der faradaysche Wirkungsgrad der Brennstoffzelle ist nach den vorliegenden Versuchsergebnissen jedoch etwas kleiner als beim Elektrolyseur. Die Ursache liegt darin, dass ein kleinerer Strom fließt. Es wird mehr Zeit zum Verbinden der gleichen Menge Wasser als zum Spalten derselben benötigt. In einer längeren Zeitspanne diffundiert mehr Wasserstoff durch die Membran, der dann nicht mehr für die Stromerzeugung zur Verfügung steht.

2.7. STROM-SPANNUNGS-KENNLINIE DER DIREKT-METHANOL-BRENNSTOFFZELLE (DMFC)

Lesen Sie vor Beginn des Versuchs die Sicherheitshinweise in der Bedienungsanleitung!

Achtung: Methanol ist giftig! (s. Anlage)

HINTERGRUND

Die abgegebene Leistung einer DMFC hängt von dem angeschlossenen Lastwiderstand ab. Um eine optimale Leistungsausbeute zu bekommen, muss der passende Widerstand ermittelt werden.

MATERIAL

- Direkt-Methanol-Brennstoffzelle
- 2 Multimeter
- Widerstandsdekade, verschiedene Widerstände oder Potentiometer

AUFBAU

Bauen Sie die Schaltung nach folgendem Schaltbild auf:

Schaltbild 2.7. | Aufbau zur Ermittlung der Strom-Spannungs-Kennlinie der Direkt-Methanol-Brennstoffzelle

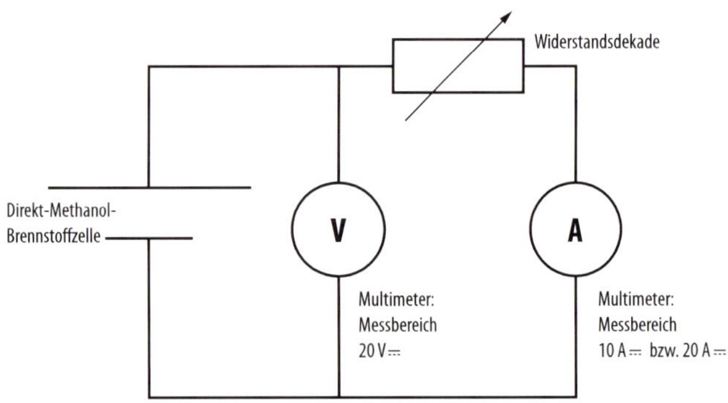

Aufbau 2.7.

DURCHFÜHRUNG

Die DMFC, das Volt- und das Amperemeter sind entsprechend dem Schaltbild an die Widerstandsdekade anzuschließen. Vor Beginn der Messungen muss die DMFC einige Minuten mit der Methanollösung stehen, bevor sie repräsentative Werte liefert.

Beginnen Sie die Aufnahme der Strom-Spannungs-Kennlinie mit der Leerlaufspannung ($R = \infty$) und schalten Sie die Widerstandsdekade zu kleineren Widerständen durch. Es sollen zum jeweiligen Widerstand Spannung und Stromstärke gemessen und in einer Tabelle notiert werden. Zwischen den einzelnen Messungen sollten jeweils ca. 20 Sekunden verstreichen.

Beispiel (durchgeführt mit der h-tec Direkt-Methanol-Brennstoffzelle Premium DMFC):

Tabelle 2.7. Messwerttabelle:
Messung der Spannungs- und Stromwerte der Direkt-Methanol-Brennstoffzelle bei unterschiedlichen Lastwiderständen.

R / Ω	U / V	I / A	P / mW berechnet $P = U \cdot I$
∞	0,6	0	0
330	0,6	0	0
100	0,59	0,01	5,9
33	0,57	0,02	11,4
10	0,5	0,05	25
3,3	0,41	0,12	49,2
1	0,28	0,26	72,8
0,33	0,18	0,38	68,4
0,1	0,1	0,5	50
0	0,06	0,54	32,4

AUSWERTUNG

Stellen Sie anhand der Messwerttabelle die Abhängigkeit der Spannung vom Strom dar:

Diagramm 2.7.a | Strom-Spannungs-Kennlinie der Direkt-Methanol-Brennstoffzelle

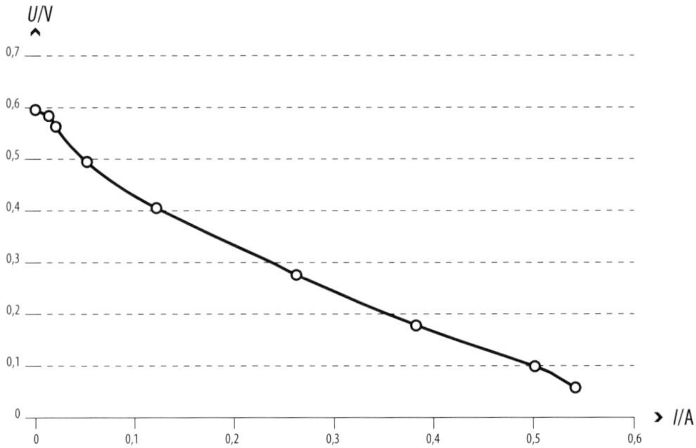

Stellen Sie die Leistung in Abhängigkeit vom Strom graphisch dar:

Diagramm 2.7.b | Leistungskurve der Direkt-Methanol-Brennstoffzelle

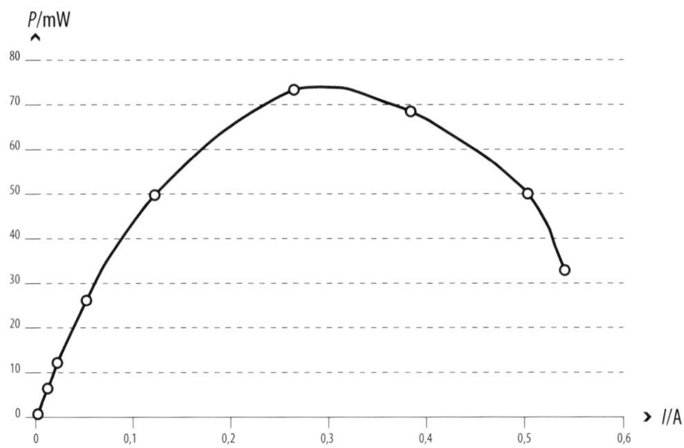

DISKUSSION

Aus der Leistungskurve kann der Stromwert ermittelt werden, an dem die Direkt-Methanol-Brennstoffzelle die größte Leistung abgibt. Die maximale Leistung wird bei ca. 0,29 A abgegeben, was einem Lastwiderstand von annähernd 1 Ω entspricht.

3
Arbeitsblätter

3.1. UNTERRICHTSVORLAGEN
3.1.1. SOLAR-WASSERSTOFF-KREISLAUF

Die weltweiten Vorräte der fossilen und nuklearen Energieträger sind begrenzt.

Abb. 3.1.1. | Geschätzte statistische Reichweite der natürlichen fossilen und nuklearen Energieträger (bei gleichbleibendem Verbrauch)

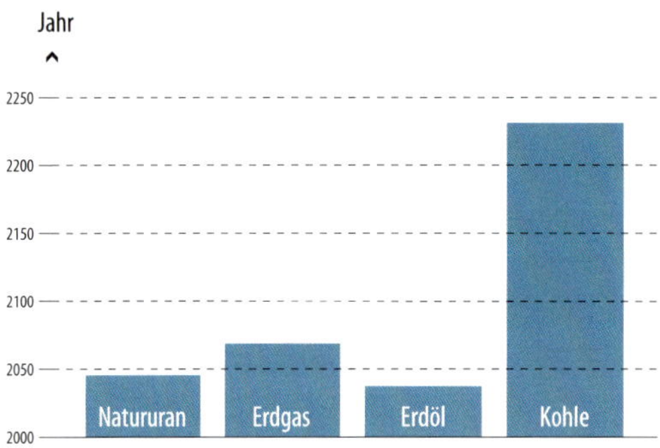

Die weltweiten Vorräte der fossilen und nuklearen Energieträger sind begrenzt (s. Abb. 3.1.1.). Eine zügige Umorientierung bei der Energienutzung ist daher unbedingt notwendig.

Durch die Etablierung regenerativer Energien (z. B. Solar-, Wind- und Wasserenergie) auf dem europäischen Energiemarkt ist die erforderliche Wende bereits erfolgreich eingeleitet worden.

Bei der Energieumwandlung mit Hilfe von Solarzellen und Windkraftanlagen stimmen Energieangebot und Energienachfrage zeitlich und räumlich oft nicht überein. Wären sie identisch, könnte der Verbraucher den nachhaltig erzeugten Strom direkt nutzen. So aber ist eine Speicherung notwendig, damit die elektrische Energie rund um die Uhr genutzt werden kann.

Wasserstoff könnte in Zukunft die Aufgabe der Speicherung übernehmen. Das Zusammenspiel aus Sonnenenergie und Wasserstoff wird als *Solar-Wasserstoff-Kreislauf* bezeichnet. Dabei wird die durch Solarzellen und Windkraftanlagen bereitgestellte elektrische Energie bei Überangebot genutzt, um Wasserstoff herzustellen. Dazu werden Elektrolyseure mit Gleichstrom betrieben, die Wasser in Wasserstoff und Sauerstoff zerlegen. Der Wasserstoff (und ggf. Sauerstoff) wird gespeichert und bei Bedarf der Brennstoffzelle zugeführt, die die chemische Energie des Wasserstoffs in elektrischen Strom und Wärme umwandelt. So kann die elektrische Versorgung jederzeit gewährleistet werden.

Nutzung erneuerbarer Energie durch Solarzellen, Windkraftanlagen und Wasserkraftwerke.

Regenerative Energien werden durch natürliche Energiequellen, die Primärenergiequellen, ständig erneuert und sind somit für den Menschen nahezu „unerschöpflich". Die Primärenergiequellen sind die Sonnenenergie, die Gezeitenenergie und die geothermische Energie.

SONNENENERGIE – Kernfusion in der Sonne: Umwandlung von Wasserstoffatomen in Heliumatome

Die Sonnenenergie tritt auf der Erde durch natürliche Energieumwandlungen in verschiedenen Formen auf, wie z. B.:

- Solarstrahlung (Photovoltaik, Solarthermie)
- Windkraft aus Atmosphärenbewegung
- Wasserkraft aus Verdunstung/Niederschlag
- Biomasse aus Photosynthese

Auch die fossilen Energieträger sind letztendlich nur gespeicherte Sonnenenergie. Im Gegensatz zu regenerativen Energien werden sie jedoch nicht in menschlichen Zeiträumen erneuert, sondern es bedarf vieler Millionen Jahre für ihre Entstehung.

Die heute am häufigsten eingesetzten Energiewandler für regenerative Energien sind Solarzellen, Windkraftanlagen und Wasserkraftwerke.

GEZEITENENERGIE – Gravitationswechselwirkung von Erde, Sonne und Mond

Gezeitenkraftwerke nutzen die durch das Sinken oder Steigen des Wasserspiegels entstehenden Strömungen bei Ebbe und Flut.

GEOTHERMISCHE ENERGIE – Radioaktivität im Erdinnern

Geothermische Anlagen nutzen die natürliche Wärme der Erdkruste. Mit zunehmender Tiefe steigt die Temperatur an. In geothermischen Anlagen wird die Wärme aus der Tiefe zu Heizzwecken oder zur Erzeugung elektrischer Energie (Dampfturbine) genutzt.

3.1.2. WASSERSTOFF

Eigenschaften des Wasserstoffs

Wasserstoff ist ein farbloses, geruchloses und ungiftiges Gas. Es hat einen sehr niedrigen Schmelz- und Siedepunkt.

Wasserstoff ist das Element mit dem einfachsten Atomaufbau: Der Atomkern besteht nur aus einem Proton, und in der Atomhülle befindet sich nur ein Elektron. Ausgenommen sind dabei die beiden Isotope des Wasserstoffs Deuterium bzw. Tritium, bei denen sich im Kern zusätzlich ein bzw. zwei Neutronen befinden. Wasserstoff ist das kleinste und leichteste Element. Innerhalb des Universums ist es das häufigste Element, es kommt aber auf der Erde fast ausschließlich in gebundener Form vor.

Tabelle 3.1.3. | Eigenschaften von Wasserstoff

Dichte (bei 0 °C und 1013 hPa) H_2 - gasförmig	0,08988 kg/m^3
Schmelztemperatur (1013 hPa)	- 259 °C
Siedetemperatur (1013 hPa)	- 252,8 °C
H_0 *Brennwert* (oberer Heizwert)	12745 kJ/m^3
H_U *Heizwert* (unterer Heizwert)	10800 kJ/m^3
Wertigkeit z	1

Möglichkeiten der Wasserstoffherstellung

Bei der *Elektrolyse* werden durch elektrische Energie chemische Verbindungen zersetzt, d. h., Wasser kann so in seine Bestandteile Wasserstoff und Sauerstoff zerlegt werden.

Durch *Reformierung* wird Wasserstoff aus komplexen Kohlenwasserstoff-Verbindungen (z. B. Erdgas) herausgelöst.

Beim *Cracken*, einer Methode zur Raffinierung von Erdöl, entsteht das Gas bei hohem Druck und hohen Temperaturen als Nebenprodukt.

Eisen reagiert auf Wasserdampf bei hohen Temperaturen ebenfalls mit der Bildung von Wasserstoff.

Im *Wassergas-Prozess* reagieren Koks und Wasserdampf bei hohen Temperaturen zu *Wassergas*, einer Mischung aus Wasserstoff und Kohlenmonoxid.

Wasserstoffspeicherung

Die Entwicklung von leistungsfähigen Wasserstoffspeichern gehört zu den wichtigsten Herausforderungen einer zukünftigen Wasserstoffwirtschaft. Hier sind Speichervermögen, Speicherverhalten, Herstellungsaufwand und Herstellungskosten entscheidend.

Die drei wichtigsten Speichertechniken sind:

Druckgasspeicher

Abb. 3.1.2.a. Hochdruckbehälter aus Carbon-Verbundmaterialien (für Drücke bis 350 bar)

Die herkömmliche Druckgasflasche ist mit ihrem niedrigen Herstellungsaufwand und den geringen Kosten der Favorit, wenn es keinen Platzmangel gibt und hohes Gewicht keine Rolle spielt. In Druckgasflaschen kann man ein Vielfaches ihres Volumens an Gas speichern, weil sie für Drücke bis zu 200 bar ausgelegt sind.

Hochdruckbehälter aus Carbon-Verbundmaterialien sind die neuesten Entwicklungen im Bereich der Druckgasspeicherung. Sie sind leichter als herkömmliche Druckgasflaschen, zudem sind sie für Drücke bis 350 bar ausgelegt. In Zukunft werden Drücke bis 700 bar möglich sein.

Flüssig-Wasserstoff-Speicher (Kryogenspeicher)

Wasserstoff geht bei Temperaturen von -253 °C in die flüssige Phase über. Gespeichert wird dieser tiefkalte Wasserstoff in *Kryogenspeichern*, die durch ihre gute Isolierung den flüssigen Wasserstoff in der entsprechenden Temperatur halten. Die ersten Tage nach der Befüllung kann der Wasserstoff verlustfrei gespeichert werden. Danach kommt es, trotz der guten Isolierung, zu so genannten *Abdampfverlusten*. Diese entstehen dadurch, dass der Wasserstoff sich geringfügig erwärmt, wodurch ein kleiner Teil wieder in die gasförmige Phase übergeht. Damit in dem Behälter kein Überdruck entsteht, wird der überschüssige gasförmige Wasserstoff abgelassen. Dieser Verlust liegt heute bei ca. 0,4 % des Tankvolumens am Tag.

Abb. 3.1.2.b. Flüssigwasserstofftank

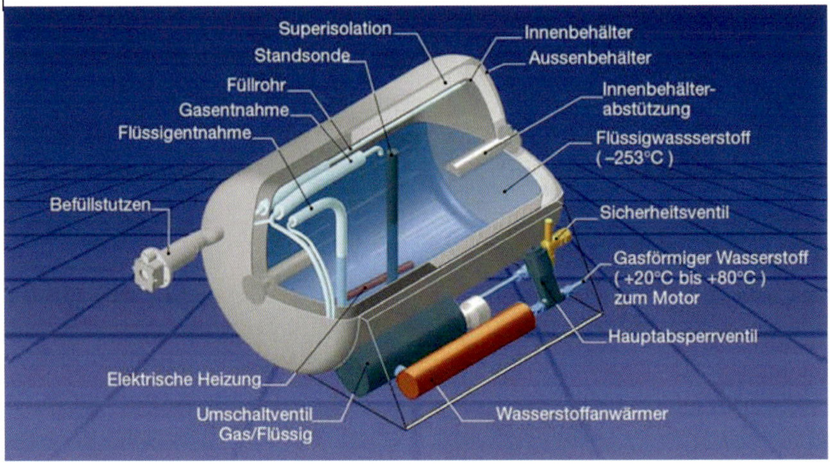

Zum Verflüssigen des Wasserstoffs ist Energie nötig, die rund einem Drittel der gespeicherten Energie entspricht.

Metallhydridspeicher

Abb. 3.1.2.c. Metallhydridspeicher

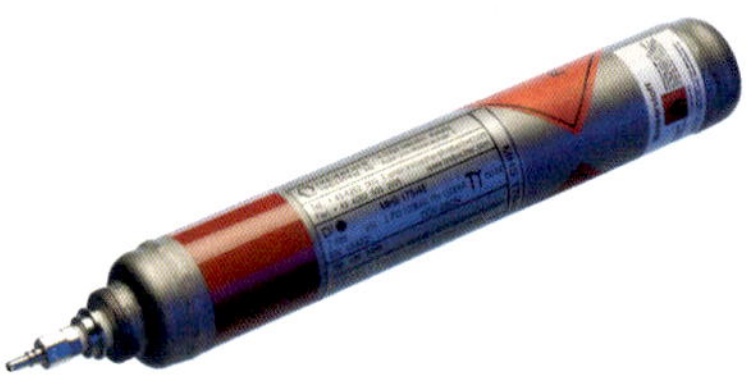

In einem *Metallhydridspeicher* befindet sich eine Metalllegierung, die die Eigenschaft hat, Wasserstoffatome im Metallgitter einzulagern. Um dafür eine möglichst große Oberfläche zu erhalten, wird die Metalllegierung pulverisiert. Der Wasserstoff wird unter leichtem Überdruck in den Speicher gegeben und bildet mit der Metalllegierung das Metallhydrid. Dieser Vorgang ist exotherm, d. h., es wird Wärme abgegeben. Für die Entladung des Speichers muss wieder Wärme zugeführt werden.

Metallhydridspeicher haben auf das Volumen bezogen eine hohe Speicherdichte. Auf das Gewicht bezogen haben sie bisher allerdings nur eine geringe Speicherdichte. Neue leichtere Speichermaterialien befinden sich in der Entwicklung. Der Einsatz dieser leichteren Materialien würde zu einer wesentlichen Verbesserung der gewichtsbezogenen Speicherdichten führen.

3.1.3. BRENNSTOFFZELLE

Die Funktionsweise einer Brennstoffzelle entspricht dem umgekehrten Prinzip der Elektrolysezelle. Die Brennstoffzelle besteht, genau wie die Elektrolysezelle, aus einer negativen und positiven Elektrode und einem Elektrolyten.

Brennstoffzellentypen

Tabelle 3.1.3.

Brennstoffzellen	Elektrolyt	Arbeitstemperatur	elektrischer Wirkungsgrad	Brenngas *Oxydant*
Alkalische Brennstoffzelle AFC	Kalilauge	Zimmertemperatur bis 90 °C	60 - 70 %	H_2 *O_2*
Membran-Brennstoffzelle PEMFC	protonenleitende Membran	Zimmertemperatur bis 80 °C	40 - 60 %	H_2,Kohlenwasserstoffe z.B. Erdgas *O_2, Luft*
Hochtemperatur-Membran-Brennstoffzelle HT-PEMFC	protonenleitende Membran	130 - 200 °C	40 - 60 %	Kohlenwasserstoffe, H_2 *O_2, Luft*
Direkt-Methanol-Brennstofzelle DMFC	protonenleitende Membran	Zimmertemperatur bis 200 °C	20 - 30 %	CH_3OH *O_2, Luft*
Phosphorsäure Brennstoffzelle PAFC	Phosphorsäure	160 - 220 °C	55 %	Kohlenwasserstoffe, H_2 *O_2, Luft*
Karbonatschmelzen Brennstoffzelle MCFC	Alkalikarbonatschmelzen	620 - 660 °C	65 %	Kohlenwasserstoffe, H_2 *O_2, Luft*
Oxidkeramische Brennstoffzelle SOFC	Yttriumstabilisiertes Zirkonoxid	800 - 1000 °C	60 - 65 %	Kohlenwasserstoffe, H_2 *O_2, Luft*

3

Funktionsweise der PEM-Brennstoffzelle

Die PEM-Brennstoffzelle wandelt effizient, geräuscharm und emissionsfrei chemische Energie in elektrische Energie um. Der Elektrolyt ist eine dünne protonenleitende Polymermembran. Auf beiden Seiten ist eine Membran mit Katalysatormaterial beschichtet. Diese beiden Schichten bilden Kathode und Anode der Brennstoffzelle. Einzelne Zellen werden zu kompakten Stacks zusammengeschaltet und so den jeweiligen Anforderungen angepasst. Dies, der hohe Wirkungsgrad und das gute Kaltstartverhalten der PEM-Brennstoffzelle, machen sie für ein breites Anwendungsspektrum einsetzbar, z. B. für Elektroantriebe in Autos, als Batterie- und Akkumulatorenersatz und zur Hausenergieversorgung.

Abb. 3.1.3. Die PEM-Brennstoffzelle ist ein elektrochemischer Energiewandler, in der chemische Energie direkt in elektrische Energie und Wärme umgewandelt wird. Dabei reagieren Wasserstoff und Sauerstoff räumlich getrennt und völlig lautlos zu reinem Wasser, dem einzigen „Abgas" der Brennstoffzelle.

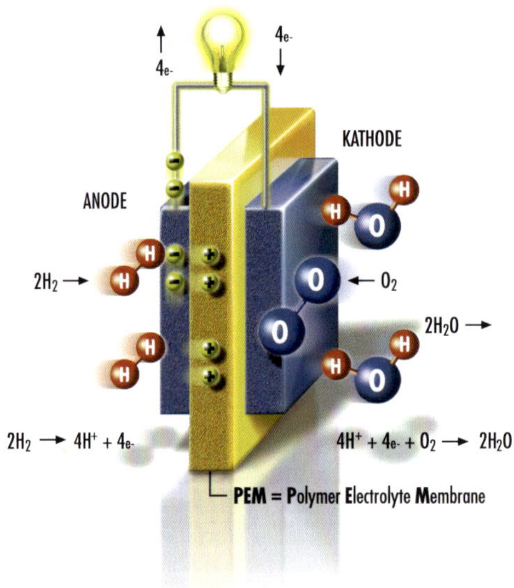

Das an die Anode geführte Wasserstoffgas zerfällt durch die katalytische Wirkung der Elektrode (z. B. Platin) schon bei Zimmertemperatur in Protonen und Elektronen. Die Protonen (H^+ - Ionen) gelangen durch die protonenleitende Membran auf die Kathodenseite. Die Elektronen wandern bei geschlossenem äußeren Stromkreis zur Kathode und verrichten auf diesem Weg elektrische Arbeit. An der Kathode verbinden sich die Protonen, Elektronen und Sauerstoff zu Wasser.

Anodenreaktion:	$2H_2$	$\rightarrow$	$4H^+ + 4e^-$
Kathodenreaktion:	$O_2 + 4H^+ + 4e^-$	$\rightarrow$	$2H_2O$
Gesamtreaktion:	$2H_2 + O_2$	$\rightarrow$	$2H_2O$

3.1.4. ELEKTROLYSE

Bei der Elektrolyse werden durch elektrischen Strom chemische Verbindungen zersetzt, z. B. kann Wasser in seine Bestandteile Wasserstoff und Sauerstoff zerlegt werden.

Ein Elektrolyseur besteht prinzipiell aus:

- einer negativ geladenen Kathode, zu der die positiven Ionen wandern
- einer positiv geladenen Anode, zu der die negativen Ionen wandern
- und einem Elektrolyten, einem durch Ionenwanderung leitfähigen Stoff

Die einzelnen Elektrolyseur-Typen unterscheiden sich durch die Art des Elektroden- und Elektrolytmaterials:

Abb. 3.1.4.a. | Elektrolyseur mit flüssigem Elektrolyten

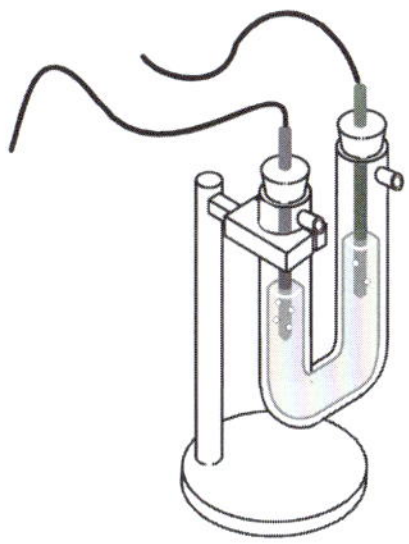

Abb. 3.1.4.b. | Elektrolyseur mit festem Elektrolyten, der so genannten Polymer Electrolyte Membrane

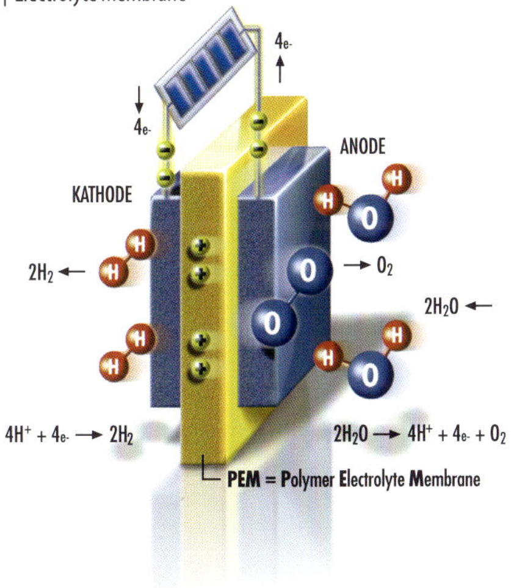

PEM-Elektrolyseure zeichnen sich durch einen sehr einfachen und kompakten Aufbau aus. Kernstück dieses PEM-Elektrolyseurs ist eine dünne, protonenleitende Polymermembran, die auf beiden Seiten mit einer Schicht Katalysatormaterial überzogen ist. Diese beiden Schichten bilden Kathode und Anode der Zelle. Beim Anlegen einer Gleichspannung spaltet der PEM-Elektrolyseur reines Wasser in Wasserstoff und

Sauerstoff auf. Diese Spannung muss dafür die so genannte *Zersetzungsspannung* des Wassers überschreiten. Die theoretische Zersetzungsspannung von Wasser beträgt 1,23 V. In der Praxis liegt diese Spannung jedoch aufgrund von Übergangswiderständen höher.

Leistungselektrolyseure werden in Form von Stapeln (engl. *Stacks*) aufgebaut. Dies ist eine Serienschaltung von Elektrolyseurzellen, die eine Addition der Spannungen zur Folge hat. PEM-Elektrolyseure erreichen elektrische Wirkungsgrade bis ca. 85 %.

Funktionsweise des PEM-Elektrolyseurs

Beim Anlegen einer Gleichspannung werden an der Anode Wassermoleküle zu Sauerstoff und Protonen oxidiert und Elektronen freigesetzt. Die Protonen (H^+-Ionen) wandern durch die protonenleitende Membran zur Kathode und bilden dort mit den über den äußeren Leiterkreis fließenden Elektronen Wasserstoffgas. An der Anodenseite sammelt sich Sauerstoffgas.

Anodenreaktion:	$2H_2O$	$\rightarrow$	$4H^+ + 4e^- + O_2$
Kathodenreaktion:	$4H^+ + 4e^-$	$\rightarrow$	$2H_2$
Gesamtreaktion:	$2H_2O$	$\rightarrow$	$2H_2 + O_2$

Der Name *PEM* leitet sich aus dem verwendeten Elektrolyten ab. Dabei handelt es sich um eine protonenleitende Polymerfolie. Die Buchstaben *PEM* stehen für die englische Bezeichnung *Polymer Electrolyte Membrane* oder auch für *Proton Exchange Membrane* (Protonen-Austausch-Membran). Sie besteht aus einem Teflon-Polymergerüst, an deren Seitenkettenenden sich eine Sulfonsäure-Gruppe (SO_3H) befindet. Wird die Membran befeuchtet, erhält die Membran einen sauren Charakter und wird für Protonen leitfähig. Anionen (negativ geladene Ionen und Elektronen) können die Membran dagegen nicht passieren.

3.2. LEHRERARBEITSBLÄTTER
3.2.1. SOLAR-WASSERSTOFF-KREISLAUF

1. Frage: Wie weit reichen voraussichtlich die konventionellen Energieträger?

Die Reserven Uran, Erdgas und Erdöl werden voraussichtlich noch für die nächsten 50 Jahre als Energieträger zur Verfügung stehen (Kohle voraussichtlich noch über 200 Jahre lang), wobei berücksichtigt werden muss, dass die Reserven nicht abrupt zuneige gehen werden. Es wird schon vorher zu einer Reservenverknappung kommen. Außerdem sind diese Reserven auch für andere Anwendungsfelder notwendig, z. B. ist Erdöl ein Grundbaustein der Kunststoffindustrie.

2. Frage: Welche Komponenten umfasst der Solar-Wasserstoff-Kreislauf?

· Solarzellen, Windkraftanlagen etc.
· Elektrolyseur
· Wasserstoffspeicher
· Brennstoffzelle
· Elektrischer Verbraucher

3. Frage: Wie lässt sich der Solar-Wasserstoff-Kreislauf beschreiben?

Solarzellen, Windkraftanlagen u.a. wandeln Sonnenenergie in elektrische Energie um. Bei der Energieumwandlung durch Solarzellen und Windkraftanlagen stimmen Energieangebot und Energienachfrage zeitlich und räumlich oft nicht überein. Stimmen sie überein, kann der Verbraucher die elektrische Energie direkt nutzen. Um aber die elektrische Energie rund um die Uhr verfügbar machen zu können, ist ein Speicher nötig. Wasserstoff könnte in Zukunft die Aufgabe der Speicherung übernehmen. Dabei wird die durch Solarzellen und Windkraftanlagen bereitgestellte elektrische Energie bei Überangebot genutzt, um Wasserstoff herzustellen. Es werden dafür Elektrolyseure mit Gleichstrom betrieben, die dann Wasser in Wasserstoff und Sauerstoff zerlegen. Der Wasserstoff (und ggf. der Sauerstoff) wird gespeichert und bei Bedarf der Brennstoffzelle zugeführt, die dann die chemische Energie des Wasserstoffs in elektrischen Strom, Wasser und Wärme umwandelt. So kann die elektrische Versorgung jederzeit gewährleistet werden.

4. Frage: Welche drei Primärenergiequellen werden unterschieden?

- **Sonnenenergie** *(Kernfusion in der Sonne: Umwandlung von Wasserstoffatomen in Heliumatome)*
- **Gezeitenenergie** *(Gravitationswechselwirkung von Erde, Sonne und Mond)*
- **Geothermische Energie** *(Radioaktivität im Erdinnern)*

5. Frage: Wie werden die drei regenerativen Primärenergiequellen zur Energiegewinnung genutzt?

Sonnenenergie *(Kernfusion in der Sonne: Umwandlung von Wasserstoffatomen in Heliumatome)*

Die Sonnenenergie tritt durch natürliche Energieumwandlungen in verschiedenen Formen auf, wie z. B.:

- Solarstrahlung (Photovoltaik, Solarthermie)
- Windkraft aus Atmosphärenbewegung
- Wasserkraft aus Verdunstung/Niederschlag
- Biomasse aus Photosynthese

Zusatz: Auch die fossilen Energieträger sind letztendlich nur gespeicherte Sonnenenergie. Im Gegensatz zu regenerativen Energien werden sie jedoch nicht in menschlichen Zeiträumen erneuert, sondern es bedarf vieler Millionen Jahre für ihre Entstehung.

Die heute am häufigsten eingesetzten Energiewandler für regenerative Energien sind Solarzellen, Windkraftanlagen und Wasserkraftwerke.

Gezeitenenergie *(Gravitationswechselwirkung von Erde, Sonne und Mond)*

Gezeitenkraftwerke nutzen die durch das Sinken oder Steigen des Wasserspiegels entstehenden Strömungen bei Ebbe und Flut.

Geothermische Energie *(Radioaktivität im Erdinnern)*

Geothermische Anlagen nutzen die natürliche Wärme der Erdkruste. Mit zunehmender Erdtiefe steigt die Temperatur an. In geothermischen Anlagen wird Wärme aus der Tiefe zu Heizzwecken oder zur Erzeugung elektrischer Energie (Dampfturbine) genutzt.

3.2.2. WASSERSTOFF

1. Frage: Nennen Sie 7 Eigenschaften des natürlichen Wasserstoffs:

1 – farblos

2 – geruchlos

3 – ungiftig

4 – sehr niedriger Schmelzpunkt (- 259 °C)

5 – sehr niedriger Siedepunkt (- 252,8 °C)

6 – einfachster Atomaufbau, besteht aus nur einem Proton und einem Elektron

7 – kleinstes und leichtestes Element

2. Frage: Welche Isotope des Wasserstoffs sind bekannt?

- Der natürliche Wasserstoff, bestehend aus einem Elektron in der Atomhülle und einem Proton im Atomkern ($^{1}_{1}H$); am häufigsten vorkommendes Wasserstoffisotop (Häufigkeit über 99,9 %).
- Deuterium, auch schwerer Wasserstoff genannt, bestehend aus einem Elektron in der Atomhülle und einem Proton und Neutron im Atomkern ($^{2}_{1}H$).
- Tritium, bestehend aus einem Elektron in der Atomhülle und einem Proton und zwei Neutronen im Atomkern ($^{3}_{1}H$).

3. Frage: Nennen Sie Möglichkeiten zur Herstellung von Wasserstoff:

- Elektrolyse
- Reformierung
- Cracken von Kohlenwasserstoffen
- Eisen-/Wasserdampf-Reaktion
- Wassergas-Prozess

4. Frage: Nennen Sie die 3 wichtigsten Möglichkeiten der Wasserstoffspeicherung:

1 – unter hohem Druck (z. B. 200 bar) im Druckgasspeicher

2 – tiefkalt (- 253 °C) verflüssigt im Kryogenspeicher

3 – durch Einlagerung von Wasserstoffatomen im Metallgitter in so genannten Metallhydriden.

3.2.3. BRENNSTOFFZELLE

1. Frage: Aus welchen Hauptbestandteilen bestehen alle Brennstoffzellen?
Aus den Elektroden (Kathode und Anode) und dem Elektrolyten.

2. Frage: Worin unterscheiden sich die Arten der Brennstoffzellen im Wesentlichen?
In der Art des Elektrolyten und in der Arbeitstemperatur.

3. Frage: Nennen Sie einige Brennstoffzellenarten!
AFC, PEMFC, DMFC, PAFC, MCFC, SOFC

4. Frage: Wie funktioniert eine wasserstoffbetriebene PEM-Brennstoffzelle?
Das an die Anode geführte Wasserstoffgas zerfällt durch die katalytische Wirkung der Elektrode schon bei Zimmertemperatur in Protonen und Elektronen. Die Protonen (H^+-Ionen) gelangen durch die protonenleitende Membran auf die Kathodenseite. Den Elektronen bleibt der Durchtritt verwehrt. Wird ein äußerer Stromkreis geschlossen, wandern sie zur Kathode. Es fließt Strom. An der Kathode treffen die Wasserstoffionen auf den Sauerstoff aus der Luft und auf die Elektronen aus dem äußeren Stromkreis. Sie verbinden sich miteinander und es entstehen Wassermoleküle.

5. Frage: Aus welchem Material besteht die Katalysatorschicht in einer PEM-Brennstoffzelle?
Aus Platin.

6. Frage: Wie lautet die chemische Reaktionsgleichung bei einer wasserstoffbetriebenen PEM-Brennstoffzelle
a| an der Anodenseite, b| an der Kathodenseite und c| für die Gesamtreaktion?

a| Anodenreaktion: $2H_2 \rightarrow 4H^+ + 4e^-$
b| Kathodenreaktion: $O_2 + 4H^+ + 4e^- \rightarrow 2H_2O$
c| Gesamtreaktion: $2H_2 + O_2 \rightarrow 2H_2O$

7. Frage: Welche Vorteile bietet die wasserstoffbetriebene PEM-Brennstoffzelle hinsichtlich der Umweltbelastung?
Sie hat einen hohen Wirkungsgrad und das „Abgas" ist reiner Wasserdampf.

8. Frage: Wie hoch kann der Wirkungsgrad einer PEM-Brennstoffzelle sein?

Der elektrische Wirkungsgrad der PEM-Brennstoffzelle liegt um die 50 %. Nutzt man die Wärme, die in der Brennstoffzelle entsteht, z. B. bei Kraft-Wärme-Kopplung, kann man Gesamtwirkungsgrade von ca. 85 % erreichen.

9. Frage: Was bezeichnen die Techniker als Brennstoffzellen-Stack?

Die Zusammenschaltung mehrerer Einzelzellen zur Leistungserhöhung.

10. Frage: In welchen Bereichen werden heute schon Brennstoffzellen eingesetzt und entwickelt?

In der bemannten und unbemannten Raumfahrt, zur Stromerzeugung in Elektrofahrzeugen und als Heizkraftanlagen mit Stromerzeugung.

3.2.4. ELEKTROLYSE

1. Frage: Was versteht man unter Elektrolyse?

Umwandlung der chemischen Bindung von Flüssigkeiten durch elektrischen Strom.

2. Frage: Woraus besteht ein Elektrolyseur?

Negativ geladene Kathode, positiv geladene Anode, Elektrolyt.

3. Frage: Wie könnte man in Zukunft mit neuen Technologien großtechnisch Wasserstoff gewinnen?

Durch Elektrolyse im PEM-Elektrolyseur.

4. Frage: Woher kommt die Bezeichnung PEM?

PEM leitet sich aus dem verwendeten Elektrolyten ab. Dabei handelt es sich um eine protonenleitende Polymerfolie. Die Buchstaben **PEM** stehen für die englische Bezeichnung **P**olymer **E**lectrolyte **M**embrane oder auch für **P**roton **E**xchange **M**embrane (Protonen-Austausch-Membran).

5. Frage: Wie hoch ist der elektrische Wirkungsgrad des PEM-Elektrolyseurs?

Der elektrische Wirkungsgrad von PEM-Elektrolyseuren kann bis zu 85 % betragen.

6. Frage: Wie funktioniert der PEM-Elektrolyseur?

Beim Anlegen einer Gleichspannung werden an der Anode Wassermoleküle zu Sauerstoff und Protonen oxidiert und Elektronen freigesetzt. Die Protonen (H^+-Ionen) wandern durch die protonenleitende Membran zur Kathode und bilden dort mit den über den äußeren Leiterkreis fließenden Elektronen Wasserstoffgas. An der Anodenseite sammelt sich Sauerstoffgas.

7. Frage: Wie lautet die chemische Reaktionsgleichung bei dem wasserstoffbetriebenen PEM-Elektrolyseur
a| an der Anodenseite und b| an der Kathodenseite und c| für die Gesamtreaktion?

a| Anodenreaktion: $2H_2O \rightarrow 4H^+ + 4e^- + O_2$
b| Kathodenreaktion: $4H^+ + 4e^- \rightarrow 2H_2$
c| Gesamtreaktion: $2H_2O \rightarrow 2H_2 + O_2$

8. Frage: Wie groß ist die Zersetzungsspannung des Wassers?

Die theoretische Zersetzungsspannung von Wasser beträgt 1,23 V.

9. Frage: Nennen Sie weitere Möglichkeiten zur Herstellung von Wasserstoff?

Reformierung, Cracken von Kohlenwasserstoffen, Eisen-/Wasserdampf-Reaktion, Wassergas-Prozess.

3.3. SCHÜLERARBEITSBLÄTTER FÜR SEKUNDARSTUFE 1 UND 2

3.3.1. SOLAR-WASSERSTOFF-KREISLAUF

1. Frage: Wie weit reichen voraussichtlich die konventionellen Energieträger?

2. Frage: Welche Komponenten umfasst der Solar-Wasserstoff-Kreislauf?

3. Frage: Wie lässt sich der Solar-Wasserstoff-Kreislauf beschreiben?

4. Frage: Welche drei regenerativen Primärenergiequellen werden unterschieden?

5. Frage: Wie werden die drei Primärenergiequellen zur Energiegewinnung genutzt?

3.3.2. WASSERSTOFF

1. Frage: Nennen Sie 7 Eigenschaften des natürlichen Wasserstoffs:

2. Frage: Welche Isotope des Wasserstoffs sind bekannt?

3. Frage: Nennen Sie Möglichkeiten zur Herstellung von Wasserstoff:

4. Frage: Nennen Sie die 3 wichtigsten Möglichkeiten der Wasserstoffspeicherung:

3.3.3. BRENNSTOFFZELLE

1. Frage: Aus welchen Hauptbestandteilen bestehen alle Brennstoffzellen?

2. Frage: Worin unterscheiden sich die Arten der Brennstoffzellen im Wesentlichen?

3. Frage: Nennen Sie einige Brennstoffzellenarten!

4. Frage: Wie funktioniert die wasserstoffbetriebene PEM-Brennstoffzelle?

5. Frage: Aus welchem Material besteht die Katalysatorschicht in der PEM-Brennstoffzelle?

6. Frage: Wie lautet die chemische Reaktionsgleichung bei der wasserstoffbetriebenen PEM-Brennstoffzelle
a| an der Anodenseite, b| an der Kathodenseite und c| für die Gesamtreaktion?

7. Frage: Welche Vorteile bietet die wasserstoffbetriebene PEM-Brennstoffzelle hinsichtlich der Umweltbelastung?

8. Frage: Wie hoch kann der Wirkungsgrad einer PEM-Brennstoffzelle sein?

9. Frage: Was bezeichnen die Techniker als Stack?

10. Frage: In welchen Bereichen werden heute schon Brennstoffzellen eingesetzt und entwickelt?

3.3.4. ELEKTROLYSE

1. Frage: Was versteht man unter Elektrolyse?

2. Frage: Woraus besteht ein Elektrolyseur?

3. Frage: Wie könnte man in Zukunft mit neuen Technologien großtechnisch Wasserstoff gewinnen?

4. Frage: Woher kommt die Bezeichnung PEM?

5. Frage: Wie hoch ist der elektrische Wirkungsgrad des PEM-Elektrolyseurs?

6. Frage: Wie funktioniert der PEM-Elektrolyseur?

7. Frage: Wie lautet die chemische Reaktionsgleichung bei der Wasserstoffgewinnung mit einem PEM-Elektrolyseur
a| an der Anodenseite, b| an der Kathodenseite und c| für die Gesamtreaktion?

8. Frage: Wie groß ist die Zersetzungsspannung des Wassers?

9. Frage: Nennen Sie weitere Möglichkeiten zur Herstellung von Wasserstoff?

3.4. EXPERIMENTIERARBEITSBLÄTTER FÜR SEKUNDARSTUFE 1

3.4.1. ZERSETZUNG VON WASSER UNTER BETRACHTUNG DES ENTSTEHENDEN WASSERSTOFF- UND SAUERSTOFF-GASVOLUMENS

Informiere dich vor Beginn des Versuchs über Geräte und Gefahrenquellen!

Lies die Bedienungsanleitungen und die Versuchsanleitung sorgfältig durch. Vor dem Experimentieren muss eine ausführliche Unterweisung durch den Lehrer bzw. die Aufsichtsperson erfolgen!

Die Sicherheitshinweise aus den jeweiligen Bedienungsanleitungen und des Lehrers sind unbedingt zu beachten!

HINTERGRUND

Bei der Elektrolyse werden durch elektrischen Strom chemische Verbindungen zersetzt. Dadurch kann Wasser in seine Bestandteile Wasserstoff und Sauerstoff zerlegt werden. Da jedes Wassermolekül H_2O sich aus zwei Wasserstoffatomen und einem Sauerstoffatom zusammensetzt, wird für das produzierte Wasserstoff- und Sauerstoff-Gasvolumen ein Verhältnis von 2:1 erwartet. Ist im Weiteren von Volumen die Rede, bezeichnet dieses immer das Gasvolumen, da Wasserstoff und Sauerstoff bei normaler Umgebungstemperatur und normalem Umgebungsdruck immer gasförmig sind.

MATERIAL

- PEM-Elektrolyseur
- Wasserstoff- und Sauerstoffspeicher mit Skala
- Spannungsquelle, wie z. B. Solarmodul, Labornetzgerät oder Steckernetzteil
- ggf. Leuchte für den Betrieb des Solarmoduls

AUFBAU

Schließe den Elektrolyseur an die Spannungsquelle an. Arbeite mit einem Spannungswert von z. B. 1,9 V (größer als 1,5 V und kleiner als 2 V). Bei mehrzelligen Elektrolyseuren (Elektrolyseur-Stack) muss die Spannung entsprechend der Zellenzahl höher sein. Für den maximalen Wert werden die 2 V mit der Anzahl der Zellen multipliziert, z. B. bei 2 Zellen 4 V, bei 3 Zellen 6 V.

DURCHFÜHRUNG

Nimm die Geräte nach den Anweisungen der jeweiligen Bedienungsanleitung in Betrieb. Die Gasspeicher sollten vor dem Beginn des Versuchs vollständig mit destilliertem Wasser befüllt sein.

Produziere z.B. 10 cm^3 Wasserstoff. Trenne den Elektrolyseur von der Spannungsquelle und notiere das produzierte Sauerstoffvolumen.

Beispiel:

produziertes Wasserstoffvolumen	produziertes Sauerstoffvolumen

AUSWERTUNG

1. Vergleiche das Volumen des produzierten Wasserstoffgases mit dem des Sauerstoffgases.

Bestätigen die Messergebnisse deine Erwartungen?

3.4.2. STROM-SPANNUNGS-KENNLINIE, LEISTUNGSKURVE UND WIRKUNGSGRAD DES SOLARMODULS

Informiere dich vor Beginn des Versuchs über Geräte und Gefahrenquellen!

Lies die Bedienungsanleitungen und die Versuchsanleitung sorgfältig durch. Vor dem Experimentieren muss eine ausführliche Unterweisung durch den Lehrer bzw. die Aufsichtsperson erfolgen!

Die Sicherheitshinweise aus den jeweiligen Bedienungsanleitungen und des Lehrers sind unbedingt zu beachten!

MATERIAL

- Solarmodul
- ggf. Leuchte für den Betrieb des Solarmoduls
- 2 Multimeter
- Widerstandsdekade, verschiedene Widerstände oder Potentiometer
- Gerät für die Ermittlung der Strahlungsleistung des Lichts:

a| Messgerät für die direkte Messung der Strahlungsleistung des Lichts, z. B. Pyranometer

b| *alternativ:* Die Strahlungsleistung des Lichts wird über den Kurzschlussstrom des Solarmoduls bestimmt.

AUFBAU

Baue die Schaltung nach folgendem Schaltbild auf:

Schaltbild 3.4.2. | Aufbau zur Ermittlung der Kennlinien eines Solarmoduls

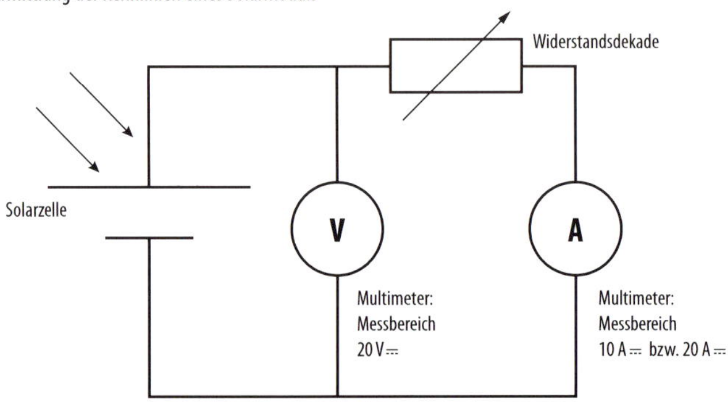

Aufbau 3.4.2.

DURCHFÜHRUNG

Die Leuchte wird direkt auf das Solarmodul ausgerichtet (Winkel 90°). Achte auf die Sicherheitsabstände. Nach dem Aufbau soll 1 Minute Wartezeit folgen, um Fehler durch Temperaturschwankungen zu vermeiden.

Beginne bei der Aufnahme der Strom-Spannungs-Kennlinie mit der Leerlaufspannung ($R = \infty$) und schalte die Widerstandsdekade zu kleineren Widerständen durch. Es sollen zum jeweiligen Widerstand Spannung und Stromstärke gemessen und in einer Tabelle notiert werden. Nach dem Ändern des Widerstandes sollten jeweils ca. 20 Sekunden vergehen.

Tabelle 3.4.2. Messwerttabelle

Widerstand R/Ω	Spannung U/V	Strom I/A	Leistung P/W berechnet $P = U \cdot I$
∞			
330			
100			
33			
10			
3,3			
1			
0,33			
0,1			
0			

3

AUSWERTUNG

1. Stelle anhand der Messwerttabelle die Abhängigkeit des Photostromes von der Photospannung in einem Strom-Spannungs-Diagramm graphisch dar. Kennzeichne in diesem Diagramm den Punkt maximaler Leistung, den Maximum Power Point (MPP)!
2. Stelle die Leistung in Abhängigkeit von der Spannung in einem Diagramm graphisch dar!
3. Ermittle den Wirkungsgrad des Solarmoduls!
4. Interpretiere die Ergebnisse!

3.4.3. STROM-SPANNUNGS-KENNLINIE DES PEM-ELEKTROLYSEURS

Informiere dich vor Beginn des Versuchs über Geräte und Gefahrenquellen!

Lies die Bedienungsanleitungen und die Versuchsanleitung sorgfältig durch. Vor dem Experimentieren muss eine ausführliche Unterweisung durch den Lehrer bzw. die Aufsichtsperson erfolgen!

Die Sicherheitshinweise aus den jeweiligen Bedienungsanleitungen und des Lehrers sind unbedingt zu beachten!

MATERIAL

· PEM-Elektrolyseur
· 2 Multimeter
· Spannungsquelle
a| regelbare Spannungsquelle, z. B. Labornetzgerät
b| *alternativ:* Solarmodul, in diesem Fall benötigt man zusätzlich:
· ggf. Leuchte für den Betrieb des Solarmoduls
· Widerstandsdekade, verschiedene Widerstände oder Potentiometer (mit ausreichender Belastbarkeit)

AUFBAU

a| Schließe den Elektrolyseur direkt an die regelbare Spannungsquelle an. Diese sollte zu Beginn auf 0V eingestellt und dann bis maximal 2,0V hochgeregelt werden.

Schaltbild 3.4.3.a | Aufbau zur Ermittlung der Strom-Spannungs-Kennlinie des Elektrolyseurs mit einer regelbaren Spannungsquelle

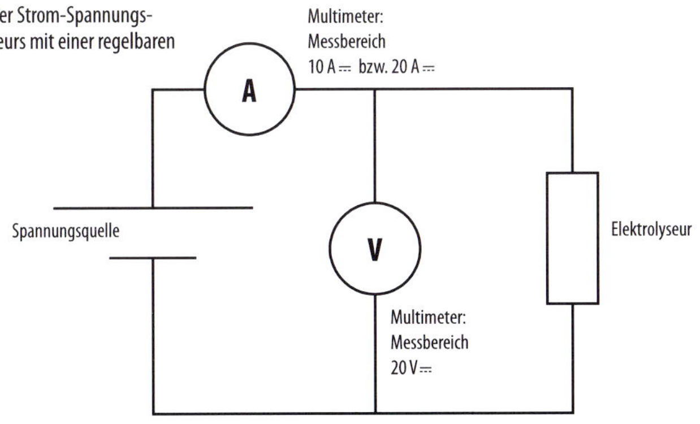

3

Bei mehrzelligen Elektrolyseuren muss die Spannung entsprechend der Zellenzahl höher sein. Für den maximalen Wert werden die 2V mit der Anzahl der Zellen multipliziert, also bei 2 Zellen wären es 4V, bei 3 Zellen wären es 6V u.s.w.

b| Baue die Schaltung nach folgendem Schaltbild auf!

Schaltbild 3.4.3.b | Aufbau zur Ermittlung der Strom-Spannungs-Kennlinie des Elektrolyseurs mit einer nicht regelbaren Spannungsquelle

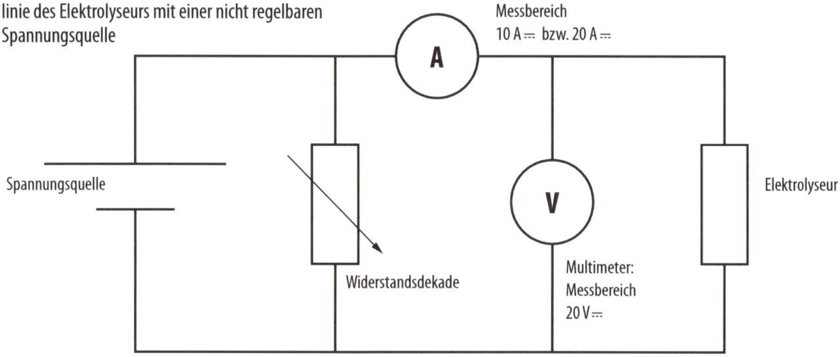

Aufbau 3.4.3.b |

DURCHFÜHRUNG

Nimm die Geräte nach den Anweisungen der Bedienungsanleitung in Betrieb!

a| Stelle die Spannung an der Spannungsquelle in 0,1-Volt-Schritten kontinuierlich von 0V bis 2V höher und notiere die jeweilige Spannung und die korrespondierende Stromstärke in einer Tabelle. Warte nach dem Ändern der Spannung jeweils 20 Sekunden, um repräsentative Werte zu erhalten. Achte auf die einsetzende Gasproduktion und markiere die dazugehörige Spannung in der Tabelle.

b| Schalte die Widerstandsdekade von kleinen zu großen Widerständen durch und notiere die jeweilige Spannung und die korrespondierende Stromstärke in einer Tabelle. Der Maximalwert von 2V darf bei einzelligen Elektrolyseuren nicht überschritten werden. Bei mehrzelligen Elektrolyseuren muss die Spannung entsprechend der Zellenzahl höher sein. Für den maximalen Wert werden die 2 V mit der Anzahl der Zellen multipliziert, z. B. bei 2 Zellen 4V, bei 3 Zellen 6V. Warte nach dem Ändern des Widerstandes jeweils 20 Sekunden, um repräsentative Werte zu erhalten. Achte auf die einsetzende Gasproduktion und markiere die dazugehörige Spannung in der Tabelle.

Tabelle 3.4.3.b. | Messwerttabelle

Widerstand R/Ω	**Spannung** U/V	**Strom** I/A
0		
0,1		
0,33		
1		
3,3		
10		
33		
100		
330		
∞		

AUSWERTUNG

1. Stelle die aufgenommenen Wertepaare in einem Diagramm graphisch dar!
2. Die sich ergebende Kurve ist die Strom-Spannungs-Kennlinie des Elektrolyseurs, die angenähert aus zwei sich schneidenden Geraden besteht. Zeichne diese ein und markiere den Schnittpunkt der stark ansteigenden Geraden mit der *U*-Achse. Dieser Schnittpunkt markiert die praktische Zersetzungsspannung des Wassers. Notiere diesen Wert und vergleiche ihn mit der theoretischen Zersetzungsspannung!
3. Interpretiere die Ergebnisse!

3.4.4. ENERGETISCHER WIRKUNGSGRAD DES PEM-ELEKTROLYSEURS

Informiere dich vor Beginn des Versuchs über Geräte und Gefahrenquellen!

Lies die Bedienungsanleitungen und die Versuchsanleitung sorgfältig durch. Vor dem Experimentieren muss eine ausführliche Unterweisung durch den Lehrer bzw. die Aufsichtsperson erfolgen!

Die Sicherheitshinweise aus den jeweiligen Bedienungsanleitungen und des Lehrers sind unbedingt zu beachten!

MATERIAL

- PEM-Elektrolyseur
- Wasserstoffspeicher für Versuchszwecke mit Skala
- 2 Multimeter
- Stoppuhr
- Spannungsquelle
  a| regelbare Spannungsquelle, z. B. Labornetzgerät
  b| *alternativ:* Solarmodul, in diesem Fall benötigt man zusätzlich:
    - ggf. Leuchte für den Betrieb des Solarmoduls
    - Widerstandsdekade, verschiedene Widerstände oder Potentiometer (mit ausreichender Belastbarkeit)

AUFBAU

a| Schließe den Elektrolyseur direkt an die regelbare Spannungsquelle an. Stelle einen Spannungswert größer als 1,5 V und kleiner als 2 V ein (z. B. 1,8 V). Bei mehrzelligen Elektrolyseuren muss die Spannung entsprechend der Zellenzahl höher sein. Für den maximalen Wert werden die 2 V mit der Anzahl der Zellen multipliziert, also bei 2 Zellen wären es 4 V, bei 3 Zellen wären es 6 V u.s.w.

Schaltbild 3.4.4.a | Aufbau zur Ermittlung des energetischen Wirkungsgrades des Elektrolyseurs mit einer regelbaren Spannungsquelle

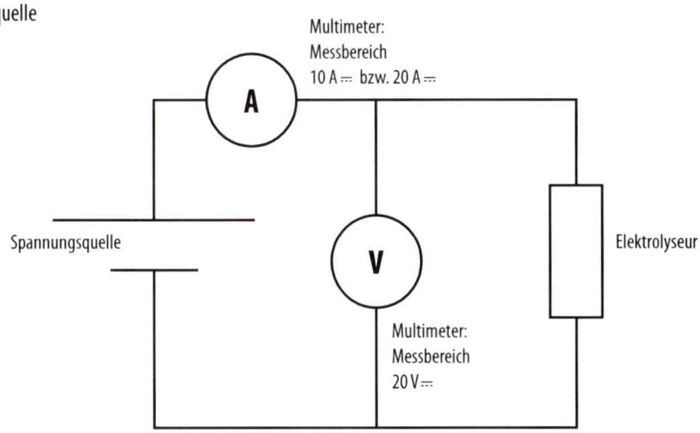

b| Baue die Schaltung nach folgendem Schaltbild auf! Am Elektrolyseur soll eine Spannung größer als 1,5 V und kleiner als 2 V (z. B. 1,8 V) anliegen. Bei mehrzelligen Elektrolyseuren muss die Spannung entsprechend der Zellenzahl höher sein. Für den maximalen Wert werden die 2 V mit der Anzahl der Zellen multipliziert, also bei 2 Zellen wären es 4 V, bei 3 Zellen wären es 6 V u.s.w.

Schaltbild 3.4.4.b | Aufbau zur Ermittlung des energetischen Wirkungsgrades des Elektrolyseurs mit einer nicht regelbaren Spannungsquelle

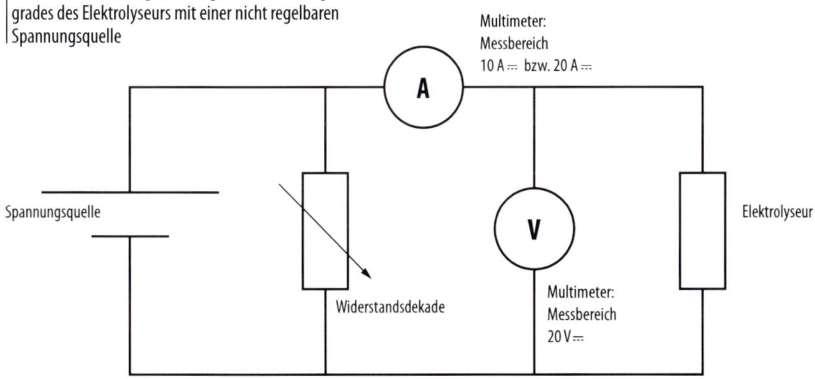

3

Aufbau
3.4.4.b

DURCHFÜHRUNG

Nimm die Geräte nach den Anweisungen der jeweiligen Bedienungsanleitung in Betrieb!

Das System sollte vor dem Versuch mehrere Minuten Gas produzieren. Unterbreche dann die Stromversorgung zum Elektrolyseur. Öffne den Gasausgang des Wasserstoffspeichers, um das produzierte Gas vollständig abzulassen. Wenn das Gas entfernt wurde, ist der Speicher komplett mit destilliertem Wasser gefüllt. Der Wasserspiegel muss also mit der Linie 0 cm^3 deckungsgleich sein, wenn man senkrecht auf die Speicherskala schaut. Schließe nun den Gasausgang des Wasserstoffspeichers.

Starte die Zeitmessung in dem Moment, in dem du den Elektrolyseur mit der Spannungsquelle verbindest. Notiere die am Elektrolyseur anliegende Spannung und den durch ihn fließenden Strom. Notiere bei markanten Skalenstrichen jeweils die Zeit, die Spannung und die Stromstärke. Die letzten Messungen werden gemacht, wenn der Wasserstoffspeicher maximal mit Gas gefüllt ist.

Tabelle 3.4.4. Messwerttabelle

erzeugtes Wasserstoffvolumen V_{H_2}/cm³	Zeit t/s	Spannung U/V	Strom I/A

AUSWERTUNG

1. Trage das produzierte Gasvolumen in Abhängigkeit von der Zeit in einem Diagramm auf!
2. Berechne den energetischen Wirkungsgrad des Elektrolyseurs. Der Wirkungsgrad gibt an, wie viel der zugeführten Energie E_{zu} als nutzbare Energie E_{nutz} das System, in diesem Fall den Elektrolyseur, verlässt.

$$\eta_{energetisch} = \frac{E_{Wasserstoff}}{E_{elektrisch}} = \frac{\text{Wasserstoffvolumen} \cdot \text{Brennwert}}{\text{Spannung} \cdot \text{Strom} \cdot \text{Zeit}} = \frac{V_{H_2} \cdot H_O}{\bar{U} \cdot \bar{I} \cdot t}$$

H_O = Brennwert[1] des Wasserstoffs $= 12{,}745 \cdot 10^6 \ \frac{\text{J}}{\text{m}^3}$
V_{H_2} = erzeugte Menge Wasserstoff in m³
U = Spannung in V
I = Strom in A
t = Zeit in s

3. Interpretiere die Ergebnisse!

[1] _Als Brennwert H_0 (auch oberer Heizwert genannt) wird die Energie bezeichnet, die bei der Verbrennung eines Stoffes (Oxidation) frei wird. Dabei wird auch die Energie einbezogen, die der durch die Verbrennung verursachte Wasserdampf als Kondensationswärme enthält. Die Nutzung dieser Energie ist in konventionellen Feuerungen nicht möglich. Deshalb wird zusätzlich ein Wert formuliert, der die Kondensationswärme vernachlässigt. Diese Größe bezeichnet man als Heizwert H_U, der für die Berechnung des Wirkungsgrades bei Heizungsanlagen, Motoren und Brennstoffzellen verwendet wird.

3.4.5. STROM-SPANNUNGS-KENNLINIE UND LEISTUNGSKURVE DER PEM-BRENNSTOFFZELLE

Informiere dich vor Beginn des Versuchs über Geräte und Gefahrenquellen!

Lies die Bedienungsanleitungen und die Versuchsanleitung sorgfältig durch. Vor dem Experimentieren muss eine ausführliche Unterweisung durch den Lehrer bzw. die Aufsichtsperson erfolgen!

Die Sicherheitshinweise aus den jeweiligen Bedienungsanleitungen und des Lehrers sind unbedingt zu beachten!

MATERIAL

· PEM-Brennstoffzelle
· 2 Multimeter
· Widerstandsdekade, verschiedene Widerstände oder Potentiometer
· Wasserstoffquelle, z. B. Elektrolyseur, man benötigt zusätzlich:
  - Spannungsquelle, wie z. B. Solarmodul oder Labornetzgerät
  - ggf. Leuchte für den Betrieb des Solarmoduls

AUFBAU

Baue die Schaltung nach folgendem Schaltbild auf:

Schaltbild 3.4.5. | Aufbau zur Ermittlung der Strom-Spannungs-Kennlinien der Brennstoffzelle

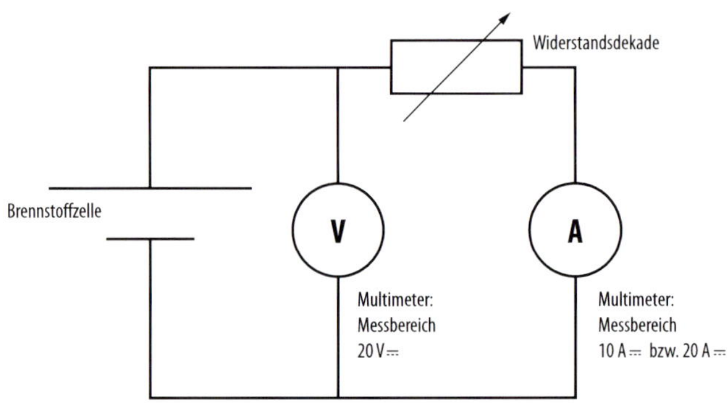

Aufbau 3.4.5.

DURCHFÜHRUNG

Nimm die Geräte nach den Anweisungen der jeweiligen Bedienungsanleitung in Betrieb!

Beachte, dass bei Wasserstoff/Luft -Brennstoffzellen kein zusätzlicher Sauerstoff notwendig ist, d. h., die folgende Beschreibung bezieht sich dann nur auf den Wasserstoff.

Schließe den Elektrolyseur an die Stromquelle an, um Wasserstoff und Sauerstoff zu produzieren.

Verbinde die Ausgangsanschlüsse des Elektrolyseurs (bzw. des Speichers) mit den Eingangsanschlüssen der Brennstoffzelle.

Damit die Brennstoffzelle vor der Messung keinen Wasserstoff verbraucht, muss sie auf Leerlauf (offene Klemmen, kein Stromfluss) geschaltet sein.

Verschließe die Ausgänge der Brennstoffzelle. Nachdem ca. 10 cm^3 Wasserstoffgas produziert wurden, öffne die Ausgänge der Brennstoffzelle, durchspüle sie mit Gas und verschließe sie dann wieder. Dies dient dazu, Restgase zu entfernen, die die Messung verfälschen.

Beginne die tabellarische Aufnahme der Strom-Spannungs-Kennlinie mit der Leerlaufspannung ($R = \infty$). Schalte die Widerstandsdekade von größeren zu kleineren Widerständen durch und notiere zu den Widerständen jeweils die dazugehörigen Spannungs- und Stromwerte. Nach dem Ändern des Widerstandes sollten jeweils ca. 20 Sekunden vergehen, um repräsentative Ergebnisse zu erhalten.

3

Tabelle 3.4.5. Messwerttabelle

Widerstand R/Ω	Spannung U/V	Strom I/A	Leistung P/W berechnet $P = U \cdot I$
∞			
330			
100			
33			
10			
3,3			
1			
0,33			
0,1			
0			

AUSWERTUNG

1. Stelle die aufgenommenen Werte als Strom-Spannungs-Kennlinie in einem Diagramm dar!
2. Stelle die Leistung in Abhängigkeit vom Stroms graphisch dar! Markiere den Punkt maximaler Leistung!
3. Interpretiere die Ergebnisse!

3.4.6. ENERGETISCHER WIRKUNGSGRAD DER PEM-BRENNSTOFFZELLE

Informiere dich vor Beginn des Versuchs über Geräte und Gefahrenquellen!

Lies die Bedienungsanleitungen und die Versuchsanleitung sorgfältig durch. Vor dem Experimentieren muss eine ausführliche Unterweisung durch den Lehrer bzw. die Aufsichtsperson erfolgen!

Die Sicherheitshinweise aus den jeweiligen Bedienungsanleitungen und des Lehrers sind unbedingt zu beachten!

MATERIAL

- PEM-Brennstoffzelle
- Wasserstoffquelle, z. B.: PEM-Elektrolyseur und Speicher mit Skala, man benötigt zusätzlich:
  - Spannungsquelle, wie z. B. Solarmodul oder Labornetzgerät
  - ggf. Leuchte für den Betrieb des Solarmoduls
- 2 Multimeter
- Widerstandsdekade, verschiedene Widerstände oder Potentiometer
- Stoppuhr

AUFBAU

Baue die Schaltung nach folgendem Schaltbild auf:

Schaltbild 3.4.6. | Aufbau zur Ermittlung des energetischen Wirkungsgrades der Brennstoffzelle

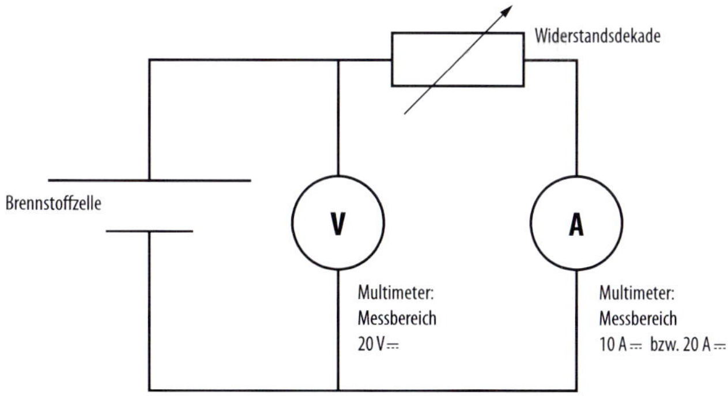

3

Aufbau 3.4.6.

DURCHFÜHRUNG

Nimm die Geräte nach den Anweisungen der jeweiligen Bedienungsanleitung in Betrieb.

Beachte, dass bei Wasserstoff/Luft-Brennstoffzellen kein zusätzlicher Sauerstoff notwendig ist, d.h., die folgende Beschreibung bezieht sich dann nur auf den Wasserstoff.

Verbinde die Ausgangsanschlüsse der Gasspeicher vom Elektrolyseur mit den Eingangsanschlüssen der Brennstoffzelle.

Damit die Brennstoffzelle vor der Messung keinen Wasserstoff verbraucht, muss sie auf Leerlauf (offene Klemmen, kein Stromfluss) geschaltet sein.

Verschließe die Ausgänge der Brennstoffzelle. Produziere ca. 20 cm^3 Wasserstoffgas und öffne dann kurz die Ausgänge der Brennstoffzelle. Das System wird dadurch entlüftet. Speichere das vom Gerät abhängige maximal mögliche Wasserstoffvolumen. Unterbreche ggf. die Stromversorgung zum Elektrolyseur und die elektrische Verbindung der Brennstoffzelle mit der Widerstandsdekade. Schalte die Widerstandsdekade auf den Widerstand, bei dem der energetische Wirkungsgrad bestimmt werden soll (z. B. 3,3 Ω). Schließe den Stromkreis zwischen Brennstoffzelle und Widerstandsdekade wieder und starte im gleichen Moment die Zeitmessung.

Notiere die Messwerte für Zeit, Spannung und Strom nach konstanten Volumenschritten (z. B. 5 cm^3) bei einem unveränderten Widerstand. Achte darauf, dass die Stromwerte nicht zu stark schwanken (ggf. Messung wiederholen). Wenn der Strom im Laufe der Messung beträchtlich abnimmt, liegt es wahrscheinlich daran, dass noch Restgase in den Speichern vorhanden sind, die die Funktion der Brennstoffzelle beeinträchtigen. Dieses Problem tritt auch auf, wenn nur noch wenig Wasserstoff im Speicher vorhanden ist (z. B. nur noch 5 cm^3).

Tabelle 3.4.6. | Messwerttabelle

verbrauchtes Wasserstoffvolumen V_{H_2} / cm³	Zeit t / s	Spannung U / V	Strom I / A
Mittelwert			

AUSWERTUNG

1. Trage das verbrauchte Gasvolumen in Abhängigkeit von der Zeit in einem Diagramm auf!
2. Berechne den energetischen Wirkungsgrad der Brennstoffzelle! Der Wirkungsgrad gibt an, wie viel der zugeführten Energie E_{zu} als tatsächlich nutzbare Energie E_{nutz} das System, in diesem Fall die Brennstoffzelle, verlässt.

$$\eta_{energetisch} = \frac{E_{elektrisch}}{E_{Wasserstoff}} = \frac{\text{Spannung} \cdot \text{Strom} \cdot \text{Zeit}}{\text{Wasserstoffvolumen} \cdot \text{Brennwert}} = \frac{\overline{U} \cdot \overline{I} \cdot t}{V_{H_2} \cdot H_U}$$

H_u = Heizwert[1] des Wasserstoffs $= 10{,}8 \cdot 10^6 \frac{\text{J}}{\text{m}^3}$ (auch unterer Heizwert genannt)
V_{H_2} = verbrauchte Menge Wasserstoff in m³
U = Spannung in V
I = Strom in A
t = Zeit in s

3. Interpretiere die Ergebnisse!

[1]_Als Heizwert H_U wird die Energie bezeichnet, die bei der Verbrennung eines Stoffes (Oxidation) frei wird. Dabei wird die Energie, die der durch die Verbrennung verursachte Wasserdampf als Kondensationswärme enthält, nicht mit einbezogen. Die Nutzung dieser Energie ist z. B. bei Heizungsanlagen, Motoren und Brennstoffzellen nicht möglich.

3

3.5. EXPERIMENTIERARBEITSBLÄTTER FÜR SEKUNDARSTUFE 2

3.5.1. STROM-SPANNUNGS-KENNLINIE, LEISTUNGSKURVE UND WIRKUNGSGRAD DES SOLARMODULS

Informieren Sie sich vor Beginn des Versuchs über Geräte und Gefahrenquellen!

Lesen Sie die Bedienungsanleitungen und die Versuchsanleitung sorgfältig durch. Vor dem Experimentieren muss eine ausführliche Unterweisung durch den Lehrer bzw. die Aufsichtsperson erfolgen!

Die Sicherheitshinweise aus den jeweiligen Bedienungsanleitungen und des Lehrers sind unbedingt zu beachten!

VORBEREITUNG

Welchen Verlauf der Strom-Spannungs-Kennlinie und der Leistungskurve erwarten Sie? Skizzieren Sie den zu erwartenden Verlauf!

Welche Angaben finden Sie für die Wirkungsgrade von Solarzellen aus amorphem, polykristallinem und monokristallinem Silizium?

MATERIAL

- Solarmodul
- ggf. Leuchte für den Betrieb des Solarmoduls
- 2 Multimeter
- Widerstandsdekade, verschiedene Widerstände oder Potentiometer
- Gerät für die Ermittlung der Strahlungsleistung des Lichts:
  - a| Messgerät für die direkte Messung der Strahlungsleistung des Lichts, z. B. Pyranometer
  - b| *alternativ:* Die Strahlungsleistung des Lichts wird über den Kurzschlussstrom des Solarmoduls bestimmt.

AUFBAU

Bauen Sie die Schaltung nach folgendem Schaltbild auf:

Schaltbild 3.5.1. | Aufbau zur Ermittlung der Kennlinien eines Solarmoduls

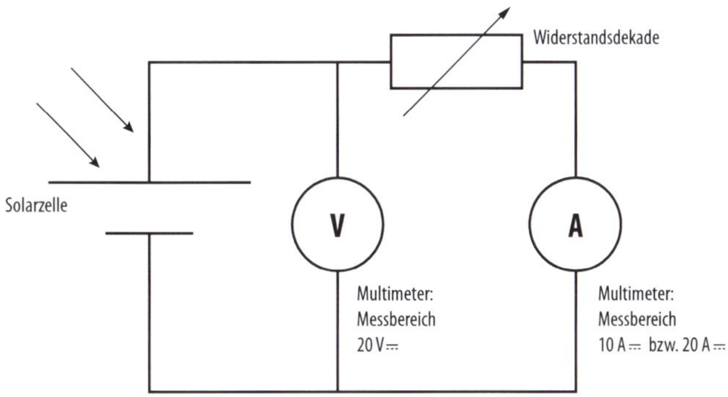

Aufbau 3.5.1.

DURCHFÜHRUNG

Die Leuchte wird senkrecht auf das Solarmodul ausgerichtet (90°-Winkel). Achten Sie auf die Sicherheitsabstände. Nach dem Einschalten der Leuchte mindestens 1 Minute warten, um Fehler durch Temperaturschwankungen zu vermeiden.

3

Beginnen Sie die Aufnahme der Strom-Spannungs-Kennlinie mit der Leerlaufspannung ($R = \infty$) und schalten Sie die Widerstandsdekade zu kleineren Widerständen durch. Zum jeweiligen Widerstand werden Spannung und Stromstärke gemessen und in einer Tabelle notiert. Nach dem Ändern des Widerstandes sollten jeweils ca. 20 Sekunden vergehen.

Tabelle 3.5.1. Messwerttabelle

Widerstand R/Ω	Spannung U/V	Strom I/A	Leistung P/W berechnet $P=U \cdot I$
∞			
330			
100			
33			
10			
3,3			
1			
0,33			
0,1			
0			

AUSWERTUNG

1. Stellen Sie anhand der Messwerttabelle die Abhängigkeit des Photostromes von der Photospannung in einem Strom-Spannungs-Diagramm graphisch dar. Kennzeichnen Sie in diesem Diagramm den Punkt maximaler Leistung, den Maximum Power Point (MPP)!
2. Stellen Sie die Leistung in Abhängigkeit von der Spannung graphisch dar!
3. Ermitteln Sie den Wirkungsgrad des Solarmoduls! Beschreiben Sie die Verlustprozesse, durch die der Wirkungsgrad von Solarzellen begrenzt wird!
4. Interpretieren Sie die Ergebnisse und vergleichen Sie diese mit Ihren Erwartungen aus der Versuchsvorbereitung.

3.5.2. STROM-SPANNUNGS-KENNLINIE DES PEM-ELEKTROLYSEURS

Informieren Sie sich vor Beginn des Versuchs über Geräte und Gefahrenquellen!

Lesen Sie die Bedienungsanleitungen und die Versuchsanleitung sorgfältig durch. Vor dem Experimentieren muss eine ausführliche Unterweisung durch den Lehrer bzw. die Aufsichtsperson erfolgen!

Die Sicherheitshinweise aus den jeweiligen Bedienungsanleitungen und des Lehrers sind unbedingt zu beachten!

VORBEREITUNG

Welchen Verlauf der Strom-Spannungs-Kennlinie erwarten Sie? Skizzieren Sie den zu erwartenden Verlauf!

MATERIAL

- PEM-Elektrolyseur
- 2 Multimeter
- Spannungsquelle
  - a| regelbare Spannungsquelle, z. B. Labornetzgerät
  - b| *alternativ:* Solarmodul, in diesem Fall benötigt man zusätzlich:
    - ggf. Leuchte für den Betrieb des Solarmoduls
    - Widerstandsdekade, verschiedene Widerstände oder Potentiometer (mit ausreichender Belastbarkeit)

AUFBAU

a| Schließen Sie den Elektrolyseur direkt an die regelbare Spannungsquelle an. Diese sollte zu Beginn auf 0V eingestellt und dann bis maximal 2,0V hochgeregelt werden. Bei mehrzelligen Elektrolyseuren muss die Spannung entsprechend der Zellenzahl höher sein. Für den maximalen Wert werden die 2 V mit der Anzahl der Zellen multipliziert, z.B. bei 2 Zellen 4V, bei 3 Zellen 6V.

3

Schaltbild 3.5.2.a | Aufbau zur Ermittlung der Strom-Spannungs-Kennlinien des Elektrolyseurs mit einer regelbaren Spannungsquelle

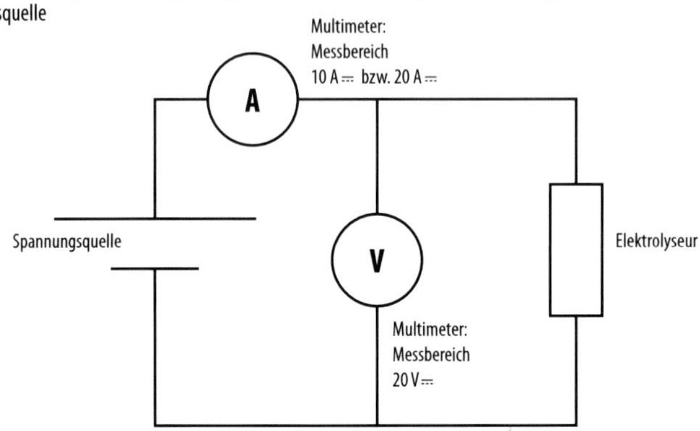

b| Bauen Sie die Schaltung nach folgendem Schaltbild auf!

Schaltbild 3.5.2.b | Aufbau zur Ermittlung der Strom-Spannungs-Kennlinien des Elektrolyseurs mit einer nicht regelbaren Spannungsquelle

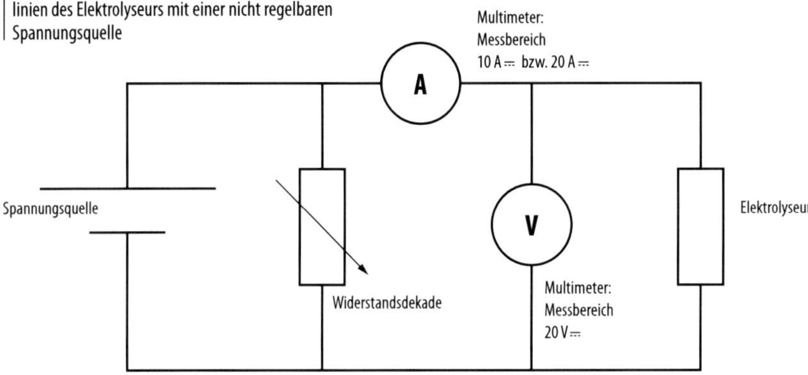

Aufbau 3.5.2.b.

DURCHFÜHRUNG

Nehmen Sie die Geräte nach den Anweisungen der Bedienungsanleitung in Betrieb!

a| Stellen Sie die Spannung an der Spannungsquelle in 0,1-Volt-Schritten kontinuierlich von 0V bis 2V höher und notieren Sie die jeweilige Spannung und die korrespondierende Stromstärke in einer Tabelle. Warten Sie nach dem Ändern der Spannung jeweils 20 Sekunden, um repräsentative Werte zu erhalten. Achten Sie auf die einsetzende Gasproduktion und markieren Sie die dazugehörige Spannung in der Tabelle.

b| Schalten Sie die Widerstandsdekade von kleinen zu großen Widerständen durch und notieren Sie die jeweilige Spannung und die korrespondierende Stromstärke in einer Tabelle. (Der Maximalwert von 2 V darf bei einzelligen Elektrolyseuren nicht überschritten werden. Bei mehrzelligen Elektrolyseuren muss die Spannung entsprechend der Zellenzahl höher sein. Für den maximalen Wert werden die 2 V mit der Anzahl der Zellen multipliziert, z. B. bei 2 Zellen 4 V, bei 3 Zellen 6 V.) Warten Sie nach dem Ändern des Widerstandes jeweils 20 Sekunden, um repräsentative Werte zu erhalten. Achten Sie auf die einsetzende Gasproduktion und markieren Sie die dazugehörige Spannung in der Tabelle.

3

Tabelle 3.5.2. Messwerttabelle

Widerstand R / Ω	Spannung U / V	Strom I / A
0		
0,1		
0,33		
1		
3,3		
10		
33		
100		
330		
∞		

AUSWERTUNG

1. Stellen Sie die aufgenommenen Wertepaare in einem Diagramm graphisch dar!
2. Die sich ergebende Kurve ist die Strom-Spannungs-Kennlinie des Elektrolyseurs, die angenähert aus zwei sich schneidenden Geraden besteht. Zeichnen Sie diese ein und markieren Sie den Schnittpunkt der stark ansteigenden Geraden mit der *U*-Achse. Dieser Schnittpunkt markiert die praktische Zersetzungsspannung des Wassers. Notieren Sie diesen Wert und vergleichen Sie ihn mit der theoretischen Zersetzungsspannung!
3. Erklären Sie die Energieumwandlung im Zusammenhang mit der Zerlegung von Wasser!
4. Geben Sie die passenden Reaktionsgleichungen an!
5. Interpretieren Sie die Ergebnisse und vergleichen Sie diese mit Ihren Erwartungen aus der Versuchsvorbereitung!

3.5.3. ENERGETISCHER UND FARADAYSCHER WIRKUNGSGRAD DES PEM-ELEKTROLYSEURS

Informieren Sie sich vor Beginn des Versuchs über Geräte und Gefahrenquellen!

Lesen Sie die Bedienungsanleitungen und die Versuchsanleitung sorgfältig durch. Vor dem Experimentieren muss eine ausführliche Unterweisung durch den Lehrer bzw. die Aufsichtsperson erfolgen!

Die Sicherheitshinweise aus den jeweiligen Bedienungsanleitungen und des Lehrers sind unbedingt zu beachten!

VORBEREITUNG

Welche Angaben finden Sie für den Wirkungsgrad von PEM-Elektrolyseuren?
Ist der Wirkungsgrad von der Leistung des Elektrolyseurs abhängig?

MATERIAL

- PEM-Elektrolyseur
- Wasserstoffspeicher für Versuchszwecke mit Skala
- 2 Multimeter
- Stoppuhr
- Spannungsquelle

a| regelbare Spannungsquelle, z. B. Labornetzgerät

b| *alternativ:* Solarmodul, in diesem Fall benötigt man zusätzlich:

- ggf. Leuchte für den Betrieb des Solarmoduls
- Widerstandsdekade, verschiedene Widerstände oder Potentiometer (mit ausreichender Belastbarkeit)

AUFBAU

a| Schließen Sie den Elektrolyseur direkt an die regelbare Spannungsquelle an. Stellen Sie einen Spannungswert größer als 1,5 V und kleiner als 2 V ein. Bei mehrzelligen Elektrolyseuren muss die Spannung entsprechend der Zellenzahl höher sein. Für den maximalen Wert werden die 2 V mit der Anzahl der Zellen multipliziert, also bei 2 Zellen wären es 4 V, bei 3 Zellen wären es 6 V u.s.w.

Schaltbild 3.5.3.a | Aufbau zur Ermittlung des energetischen und faradayschen Wirkungsgrades des Elektrolyseurs mit einer regelbaren Spannungsquelle

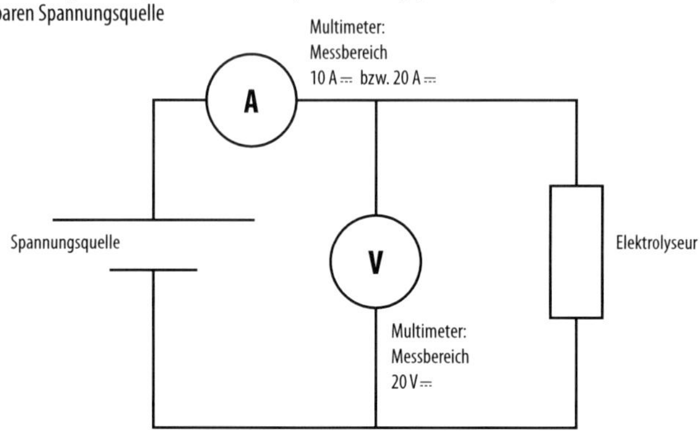

Schaltbild 3.5.3.b | Aufbau zur Ermittlung des energetischen und faradayschen Wirkungsgrades des Elektrolyseurs mit einer nicht regelbaren Spannungsquelle

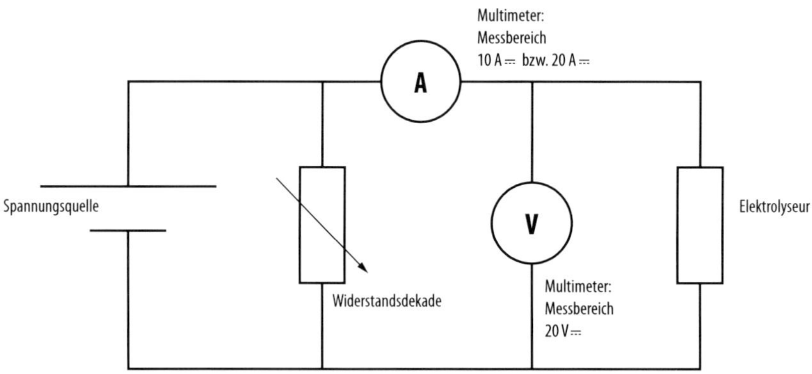

Aufbau
3.5.3.b.

DURCHFÜHRUNG

Nehmen Sie die Geräte nach den Anweisungen der jeweiligen Bedienungsanleitung in Betrieb!

Das System sollte vor dem Versuch mehrere Minuten Gas produzieren. Unterbrechen Sie dann die Stromversorgung zum Elektrolyseur. Öffnen Sie den Ausgang des Wasserstoffspeichers, um produzierte Gase vollständig abzulassen. Wenn das Gas entfernt wurde, sind die Speicher komplett mit destilliertem Wasser gefüllt. Der Wasserspiegel muss also mit der Linie 0 cm^3 deckungsgleich sein, wenn man senkrecht auf die Speicherskala schaut. Schließen Sie nun den Gasausgang des Wasserstoffspeichers.

Starten Sie die Zeitmessung in dem Moment, in dem Sie den Elektrolyseur mit der Spannungsquelle verbinden. Notieren Sie die am Elektrolyseur anliegende Spannung und den durch ihn fließenden Strom. Notieren Sie bei markanten Skalenstrichen jeweils die Zeit, die Spannung und die Stromstärke. Die letzten Messungen werden gemacht, wenn der Wasserstoffspeicher maximal mit Gas gefüllt ist.

Tabelle 3.5.3.a. Messwerttabelle

erzeugtes Wasserstoffvolumen V_{H_2} / cm³	Zeit t / s	Spannung U / V	Strom I / A

Energetischer Wirkungsgrad des PEM-Elektrolyseurs

AUSWERTUNG

1. Tragen Sie das produzierte Gasvolumen in Abhängigkeit von der Zeit in einem Diagramm auf!
2. Berechnen Sie den energetischen Wirkungsgrad des Elektrolyseurs!

$$\eta_{energetisch} = \frac{E_{Wasserstoff}}{E_{elektrisch}} = \frac{V_{H_2} \cdot H_O}{\bar{U} \cdot \bar{I} \cdot t}$$

H_O = Brennwert[1] des Wasserstoffs $= 12{,}745 \cdot 10^6 \, \frac{\mathrm{J}}{\mathrm{m}^3}$

V_{H_2} = erzeugte Menge Wasserstoff in m³

U = Spannung in V

I = Strom in A

t = Zeit in s

[1]_Als Brennwert H_0 (auch oberer Heizwert genannt) wird die Energie bezeichnet, die bei der Verbrennung eines Stoffes (Oxidation) frei wird. Dabei wird auch die Energie einbezogen, die der durch die Verbrennung verursachte Wasserdampf als Kondensationswärme enthält. Die Nutzung dieser Energie ist in konventionellen Feuerungen nicht möglich. Deshalb wird zusätzlich ein Wert formuliert, der die Kondensationswärme vernachlässigt. Diese Größe bezeichnet man als Heizwert H_U, der für die Berechnung des Wirkungsgrades bei Heizungsanlagen, Motoren und Brennstoffzellen verwendet wird.

3. Interpretieren Sie die Ergebnisse und vergleichen Sie diese mit Ihren Erwartungen aus der Versuchsvorbereitung.

Faradayscher Wirkungsgrad des PEM-Elektrolyseurs

AUSWERTUNG

1. Berechnen Sie den faradayschen Wirkungsgrad des Elektrolyseurs!

Mit dem 2. faradayschen Gesetz und der stoffmengenbezogenen Zustandsgleichung für Gase lässt sich das Gasvolumen wie folgt berechnen:

$$V = \frac{R \cdot I \cdot T \cdot t}{F \cdot p \cdot z}$$

V = theoretisches Gasvolumen in m^3

R = universelle Gaskonstante $= 8{,}314 \frac{\mathrm{J}}{\mathrm{mol \cdot K}}$

p = Umgebungsdruck in Pa $\left(1\,\mathrm{Pa} = 1\frac{\mathrm{N}}{\mathrm{m}^2}\right)$

F = Faradaykonstante $= 96485 \frac{\mathrm{C}}{\mathrm{mol}} (1\,\mathrm{C} = 1\,\mathrm{As})$

T = Umgebungstemperatur in K

I = Strom in A

t = Zeit in s

z = Anzahl der Elektronen, um ein Molekül abzuscheiden:
$z(H_2) = 2$, d. h., es werden 2 mol Elektronen benötigt, um 1 mol Wasserstoff freizusetzen.
$z(O_2) = 4$

Den faradayschen Wirkungsgrad erhält man aus folgender Formel:

$$\eta_{faraday} = \frac{V_{H_2}(erzeugt)}{V_{H_2}(errechnet)}$$

2. Interpretieren Sie die Ergebnisse!
3. Vergleichen Sie den energetischen und den faradayschen Wirkungsgrad miteinander!

3.5.4. STROM-SPANNUNGS-KENNLINIE UND LEISTUNGSKURVE DER PEM-BRENNSTOFFZELLE

Informieren Sie sich vor Beginn des Versuchs über Geräte und Gefahrenquellen!

Lesen Sie die Bedienungsanleitungen und die Versuchsanleitung sorgfältig durch. Vor dem Experimentieren muss eine ausführliche Unterweisung durch den Lehrer bzw. die Aufsichtsperson erfolgen!

Die Sicherheitshinweise aus den jeweiligen Bedienungsanleitungen und des Lehrers sind unbedingt zu beachten!

VORBEREITUNG

Welchen Verlauf der Strom-Spannungs-Kennlinie und der Leistungskurve erwarten Sie? Skizzieren Sie den zu erwartenden Verlauf!

MATERIAL

- PEM-Brennstoffzelle
- 2 Multimeter
- Widerstandsdekade, verschiedene Widerstände oder Potentiometer
- Wasserstoffquelle, z. B.: Elektrolyseur, man benötigt zusätzlich:
  - Spannungsquelle, wie z. B. Solarmodul oder Labornetzgerät
  - ggf. Leuchte für den Betrieb des Solarmoduls

AUFBAU

Bauen Sie die Schaltung nach folgendem Schaltbild auf!

Schaltbild 3.5.4. | Aufbau zur Ermittlung der Strom-Spannungs-Kennlinie der Brennstoffzelle

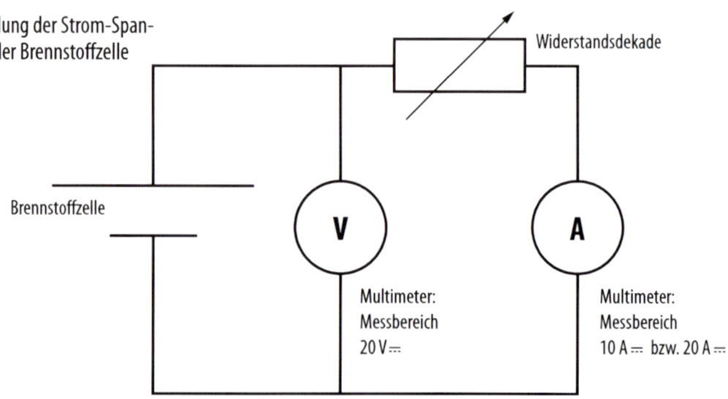

Aufbau
3.5.4.

DURCHFÜHRUNG

Nehmen Sie die Geräte nach den Anweisungen der jeweiligen Bedienungsanleitung in Betrieb!

Beachten Sie, dass bei Wasserstoff/Luft-Brennstoffzellen kein zusätzlicher Sauerstoff notwendig ist, d. h., die folgende Beschreibung bezieht sich dann nur auf den Wasserstoff.

Schließen Sie den Elektrolyseur an die Stromquelle an, um Wasserstoff und Sauerstoff zu produzieren. Verbinden Sie die Ausgangsanschlüsse des Elektrolyseurs mit den Eingangsanschlüssen der Brennstoffzelle.

Damit die Brennstoffzelle vor der Messung keinen Wasserstoff verbraucht, muss sie auf Leerlauf (offene Klemmen, kein Stromfluss) geschaltet sein.

Verschließen Sie die Ausgänge der Brennstoffzelle mit den Gummikappen. Nachdem Sie ca. 10 cm^3 Wasserstoffgas produziert haben, öffnen Sie die Ausgänge der Brennstoffzelle, durchspülen sie mit Gasen und verschließen sie dann wieder mit den Gummikappen. Dies dient dazu, Restgase zu entfernen, die die Messung verfälschen.

Beginnen Sie die tabellarische Aufnahme der Strom- Spannungs- Kennlinie mit der Leerlaufspannung ($R = \infty$). Schalten Sie die Widerstandsdekade von größeren zu kleineren Widerständen durch und notieren Sie zu den Widerständen jeweils die dazugehörigen Spannungs- und Stromwerte. Nach dem Ändern des Widerstandes sollten jeweils ca. 20 Sekunden vergehen.

3

Tabelle 3.5.4. Messwerttabelle

Widerstand R/Ω	Spannung U/V	Strom I/A	Leistung P/W berechnet $P=U\cdot I$
∞			
330			
100			
33			
10			
3,3			
1			
0,33			
0,1			
0			

AUSWERTUNG:

1. Stellen Sie die aufgenommenen Werte als Strom-Spannungs-Kennlinie in einem Diagramm dar!
2. Stellen Sie die Leistung in Abhängigkeit des Stroms graphisch dar! Markieren Sie den Punkt maximaler Leistung!
3. Erklären Sie die Energieumwandlung im Zusammenhang mit der Bildung von Wasser!
4. Geben Sie die passenden Reaktionsgleichungen an!
5. Interpretieren Sie die Ergebnisse und vergleichen Sie diese mit Ihren Erwartungen aus der Versuchsvorbereitung!

3.5.5. ENERGETISCHER UND FARADAYSCHER WIRKUNGSGRAD DER PEM-BRENNSTOFFZELLE

Informieren Sie sich vor Beginn des Versuchs über Geräte und Gefahrenquellen!

Lesen Sie die Bedienungsanleitungen und die Versuchsanleitung sorgfältig durch. Vor dem Experimentieren muss eine ausführliche Unterweisung durch den Lehrer bzw. die Aufsichtsperson erfolgen!

Die Sicherheitshinweise aus den jeweiligen Bedienungsanleitungen und des Lehrers sind unbedingt zu beachten!

VORBEREITUNG

Welche Angaben finden Sie für den Wirkungsgrad von PEM-Brennstoffzellen?
Ist der Wirkungsgrad von der Leistung der Brennstoffzelle abhängig?

MATERIAL

- PEM-Brennstoffzelle
- Wasserstoffquelle, z. B.: PEM-Elektrolyseur und Speicher mit Skala, man benötigt zusätzlich:
  - Spannungsquelle, wie z. B. Solarmodul oder Labornetzgerät
  - ggf. Leuchte für den Betrieb des Solarmoduls
- 2 Multimeter
- Widerstandsdekade, verschiedene Widerstände oder Potentiometer
- Stoppuhr

3

AUFBAU

Bauen Sie die Schaltung nach folgendem Schaltbild auf:

Schaltbild 3.5.5. | Aufbau zur Ermittlung des energetischen und faradayschen Wirkungsgrades der Brennstoffzelle

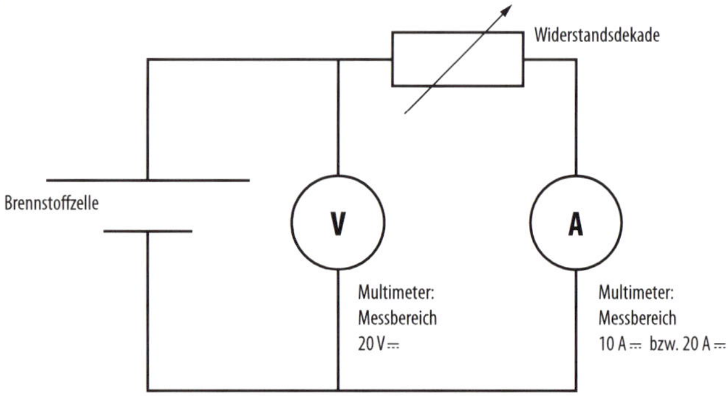

Aufbau 3.5.5.

DURCHFÜHRUNG

Nehmen Sie die Geräte nach den Anweisungen der jeweiligen Bedienungsanleitung in Betrieb.

Beachten Sie, dass bei Wasserstoff/Luft-Brennstoffzellen kein zusätzlicher Sauerstoff notwendig ist, d. h. die folgende Beschreibung bezieht sich dann nur auf den Wasserstoff.

Verbinden Sie die Ausgangsanschlüsse der Gasspeicher vom Elektrolyseur mit den Eingangsanschlüssen der Brennstoffzelle.

Damit die Brennstoffzelle vor der Messung keinen Wasserstoff verbraucht, muss sie auf Leerlauf (offene Klemmen, kein Stromfluss) geschaltet sein.

Verschließen Sie die Ausgänge der Brennstoffzelle. Produzieren Sie ca. 20 cm^3 Wasserstoffgas und öffnen Sie dann kurz die Ausgänge der Brennstoffzelle. Das System wird dadurch entlüftet. Speichern Sie das vom Gerät abhängige maximal mögliche Wasserstoffvolumen. Unterbrechen Sie ggf. die Stromversorgung zum Elektrolyseur und die elektrische Verbindung der Brennstoffzelle mit der Widerstandsdekade. Schalten Sie die Widerstandsdekade auf den Widerstand, bei dem Sie den energetischen Wirkungsgrad bestimmen wollen (z. B. 3,3 Ω). Schließen Sie den Stromkreis zwischen Brennstoffzelle und Widerstandsdekade wieder und starten Sie im gleichen Moment die Zeitmessung.

Notieren Sie die Messwerte für Zeit, Spannung und Strom nach konstanten Volumenschritten (z. B. 5 cm^3) bei unverändertem Widerstand. Achten Sie darauf, dass die Stromwerte nicht zu stark schwanken (ggf. Messung wiederholen). Wenn der Strom im Laufe der Messung beträchtlich abnimmt, liegt es wahrscheinlich daran, dass noch Restgase in den Speichern vorhanden sind, die die Funktion der Brennstoffzelle beeinträchtigen. Dieses Problem tritt auch auf, wenn nur noch wenig Wasserstoff im Speicher vorhanden ist (z. B. nur noch 5 cm^3).

Tabelle 3.5.5. | Messwerttabelle

verbrauchtes Wasserstoffvolumen V_{H_2} / cm^3	Zeit t / s	Spannung U / V	Strom I / A
Mittelwert			

Energetischer Wirkungsgrad der PEM-Brennstoffzelle

AUSWERTUNG

1. Tragen Sie das verbrauchte Gasvolumen in Abhängigkeit von der Zeit in einem Diagramm auf!
2. Berechnen Sie den energetischen Wirkungsgrad der Brennstoffzelle!

$$\eta_{energetisch} = \frac{E_{elektrisch}}{E_{Wasserstoff}} = \frac{\bar{U} \cdot \bar{I} \cdot t}{V_{H_2} \cdot H_U}$$

H_u = Heizwert[1] des Wasserstoffs $= 10{,}8 \cdot 10^6 \frac{\mathrm{J}}{\mathrm{m}^3}$ (auch unterer Heizwert genannt)

V_{H_2} = verbrauchte Menge Wasserstoff in m^3
U = Spannung in V
I = Strom in A
t = Zeit in s

3. Interpretieren Sie die Ergebnisse und vergleichen Sie diese mit Ihren Erwartungen aus der Versuchsvorbereitung!

Faradayscher Wirkungsgrad der PEM-Brennstoffzelle

AUSWERTUNG

1. Berechnen Sie den faradayschen Wirkungsgrad der Brennstoffzelle!

Mit dem 2. faradayschen Gesetz und der stoffmengenbezogenen Zustandsgleichung für Gase lässt sich das Gasvolumen wie folgt berechnen:

$$V = \frac{R \cdot I \cdot T \cdot t}{F \cdot p \cdot z}$$

[1]_Als Heizwert H_U wird die Energie bezeichnet, die bei der Verbrennung eines Stoffes (Oxidation) frei wird. Dabei wird die Energie, die der durch die Verbrennung verursachte Wasserdampf als Kondensationswärme enthält, nicht mit einbezogen. Die Nutzung dieser Energie ist z. B. bei Heizungsanlagen, Motoren und Brennstoffzellen nicht möglich.

V = theoretisches Gasvolumen in m^3

R = universelle Gaskonstante $= 8{,}314 \frac{J}{mol \cdot K}$

p = Umgebungsdruck in Pa $\left(1\,Pa = 1\frac{N}{m^2}\right)$

F = Faradaykonstante $= 96485 \frac{C}{mol}(1\,C = 1\,As)$

T = Umgebungstemperatur in K

I = Strom in A

t = Zeit in s

z = Anzahl der Elektronen, um ein Molekül abzuscheiden:
$z(H_2) = 2$, d. h., es werden 2 mol Elektronen benötigt, um 1 mol Wasserstoff freizusetzen.
$z(O_2) = 4$

Den faradayschen Wirkungsgrad erhält man aus folgender Formel:

$$\eta_{faraday} = \frac{V_{H_2}(errechnet)}{V_{H_2}(verbraucht)}$$

2. Interpretieren Sie die Ergebnisse!
3. Vergleichen Sie den energetischen und den faradayschen Wirkungsgrad miteinander!

3.5.6. STROM-SPANNUNGS-KENNLINIE DER DIREKT-METHANOL-BRENNSTOFFZELLE (DMFC)

Informieren Sie sich vor Beginn des Versuchs über Geräte und Gefahrenquellen!

Lesen Sie die Bedienungsanleitungen und die Versuchsanleitung sorgfältig durch. Vor dem Experimentieren muss eine ausführliche Unterweisung durch den Lehrer bzw. die Aufsichtsperson erfolgen!

Die Sicherheitshinweise aus den jeweiligen Bedienungsanleitungen und des Lehrers sind unbedingt zu beachten!

VORBEREITUNG

Welchen Verlauf der Strom-Spannungs-Kennlinie und der Leistungskurve erwarten Sie? Skizzieren Sie den zu erwartenden Verlauf!

MATERIAL

- Direkt-Methanol-Brennstoffzelle
- Methanol (3 %ige Lösung)
- 2 Multimeter
- Widerstandsdekade, verschiedene Widerstände oder Potentiometer

Achtung: Methanol ist giftig!

AUFBAU

Bauen Sie die Schaltung nach folgendem Schaltbild auf! Befüllen Sie die Direkt-Methanol-Brennstoffzelle mit der Methanollösung, wie in der Bedienungsanleitung angegeben.

Schaltbild 3.5.6. Aufbau zur Ermittlung der Strom-Spannungs-Kennlinie der Direkt-Methanol-Brennstoffzelle

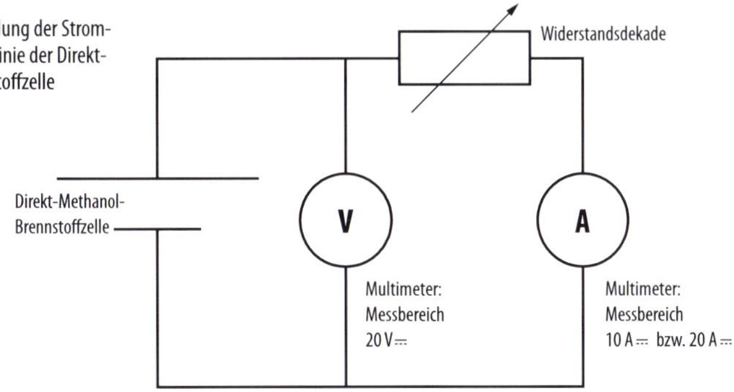

Aufbau 3.5.6.

DURCHFÜHRUNG

Die DMFC, das Volt- und das Amperemeter sind wie im Schaltbild an die Widerstandsdekade anzuschließen. Vor Beginn der Messungen muss die DMFC erst einige Minuten mit der Methanollösung stehen, bevor sie repräsentative Werte liefert. Sie können mit der Messung beginnen, wenn die Leerlaufspannung nicht mehr ansteigt.

Beginnen Sie die Aufnahme der Strom-Spannungs-Kennlinie mit der Leerlaufspannung ($R = \infty$) und schalten Sie die Widerstandsdekade zu kleineren Widerständen durch. Es sollen zum jeweiligen Widerstand Spannung und Stromstärke gemessen und in einer Tabelle notiert werden.

Warten Sie nach dem Ändern des Widerstandes jeweils 20 Sekunden, um repräsentative Werte zu erhalten.

3

Tabelle 3.5.6. | Messwerttabelle

Widerstand *R* / Ω	**Spannung** *U* / V	**Strom** *I* / A	**Leistung** *P* / mW berechnet *P* = *U* · *I*
∞			
330			
100			
33			
10			
3,3			
1			
0,33			
0,1			
0			

AUSWERTUNG

1. Stellen Sie anhand der Messwerttabelle die Abhängigkeit der Spannung vom Strom graphisch dar!
2. Stellen Sie die Leistung in Abhängigkeit vom Strom graphisch dar! Markieren Sie den Punkt maximaler Leistung!
3. Interpretieren Sie die Ergebnisse und vergleichen Sie diese mit Ihren Erwartungen aus der Versuchsvorbereitung!
4. Vergleichen Sie die Direkt-Methanol-Brennstoffzelle mit der PEM-Brennstoffzelle!

4
Anhang

GLOSSAR

Alkaline Fuel Cell (AFC): Die Alkalische Brennstoffzelle ist eine Niedertemperaturbrennstoffzelle. Sie arbeitet im Temperaturbereich von ca. 20 °C bis 90 °C. Der Elektrolyt der Zelle ist alkalischer Natur (Kalilauge). Die Zelle arbeitet mit reinem Wasserstoff und reinem Sauerstoff.

BHKW: Abkürzung für Blockheizkraftwerk

Blockheizkraftwerk: Diese Kraftwerksform liefert gleichzeitig elektrischen Strom und Wärme für die Heizung und Warmwasser. In herkömmlichen Blockheizkraftwerken wird elektrische Energie durch einen Generator erzeugt, der z. B. durch einen Verbrennungsmotor angetrieben wird. Die thermische Energie wird aus der Abwärme des Motors gewonnen. Bei dem Einsatz von Brennstoffzellen in Blockheizkraftwerken werden die elektrische und thermische Energie durch die Brennstoffzellen bereitgestellt.

Brennstoffzellen (engl. Fuel Cell = FC): Sie sind elektrochemische Energiewandler. Brennstoffzellen wandeln kontrolliert und ohne offene Flamme die chemische Energie von Brennstoffen wie Wasserstoff, Methanol und Methan direkt in elektrische Energie um (Umkehrung der Elektrolyse). Bei dieser Umwandlung wird zusätzlich Wärme freigesetzt und es entsteht Wasser.

Brennstoffzellen-Stapel: Mehrere Brennstoffzellen zu einer Einheit zusammengefasst und elektrisch miteinander verschaltet ergeben einen so genannten Zellenstapel, meist mit dem englischen Begriff Stack bezeichnet.

Brennstoff: Stoff, aus dem gespeicherte chemische Energie freigesetzt werden kann, z. B. Wasserstoff, Kohlenwasserstoffverbindungen (z. B. Methan, Benzin, Diesel, Kohle) oder Uran in der Kerntechnik.

Brenngas: Gasförmiger Brennstoff

Brennwert: Als Brennwert H_o wird die Energie bezeichnet, die bei der Verbrennung eines Stoffes (Oxidation) frei wird. Dabei wird auch die Energie einbezogen, die der durch die Verbrennung verursachte Wasserdampf als Kondensationswärme enthält.

(Die Nutzung dieser Wärme ist in konventionellen Feuerungen nicht möglich. Deshalb wird zusätzlich ein Wert formuliert, der die Kondensationswärme vernachlässigt. Diese Größe bezeichnet man als Heizwert H_U, der für die Berechnung des Wirkungsgrades bei Heizungsanlagen, Motoren und Brennstoffzellen verwendet wird.)

$H_O = 39{,}41\,\text{kWh/kg} \triangleq 3{,}5\,\text{kWh/m}^3$

Carbon-Nanofasern: Im Nanobereich (1 Nanometer = 10^{-9} Meter) strukturierte Kohlenstoffmaterialien. Sie können zukünftig vielleicht als Niederdruck-Wasserstoffspeicher eingesetzt werden. Zurzeit befindet sich diese Technologie noch in der Entwicklung.

CGH: – *Compressed Gaseous Hydrogen* – komprimierter Wasserstoff

CO: Kohlenmonoxid

CO_2: Kohlendioxid

Direct Methanol Fuel Cell (DMFC): Spezialfall der PEM-Brennstoffzelle. Beide (DMFC und PEM-Wasserstoff-Brennstoffzelle) sind ähnlich aufgebaut. Bei der DMFC wird der flüssige Brennstoff Methanol (CH_3OH) und nicht Wasserstoff der Anode zugeführt, während die Kathode ebenfalls mit Sauerstoff (Luftsauerstoff) versorgt wird.

Druckspeicher: Auch Druckgasspeicher, siehe Druckgasspeicherung

Druckgasspeicherung: Methode der Speicherung von Gasen bei Umgebungstemperatur und unter hohem Druck (z. B. bei 200 bar).

Elektrolyse: Elektrochemische Aufspaltung flüssiger Verbindungen (Beispiel: Zerlegung von Wasser in die Elemente Wasserstoff und Sauerstoff)

Elektrolyt: Medium für den Ionentransport, das z. B. in der Brennstoffzelle zusätzlich die reagierenden Stoffe räumlich voneinander trennt. Bei der PEM-Brennstoffzelle wird eine spezielle Kunststofffolie eingesetzt.

Elektron: Negativ geladenes Teilchen mit einer Masse von $9{,}1 \cdot 10^{-31}$kg

Erneuerbare (regenerative) Energien: Sie werden durch natürliche Energiequellen ständig erneuert und sind somit für den Menschen nahezu „unerschöpflich". Der Mensch nutzt hauptsächlich die Sonnenenergie. Sie tritt durch natürliche Energieumwandlungen in den verschiedensten Formen auf, wie z. B. Solarstrahlung, Windkraft und Wasserkraft.

Erster Hauptsatz der Thermodynamik: Energie kann weder erzeugt noch vernichtet werden, sie kann aber von einer Energieform in andere umgewandelt werden.

Flüssig-Wasserstoff-Speicherung: Tiefkalte (kryogene) Speicherung von Wasserstoff in flüssiger Form. Unterhalb von -253 °C geht Wasserstoff in die flüssige Phase über.

Heizwert: Als Heizwert H_U wird die Energie bezeichnet, die bei der Verbrennung eines Stoffes (Oxidation) frei wird. Dabei wird die Energie, die der durch die Verbrennung verursachte Wasserdampf als Kondensationswärme enthält, nicht mit einbezogen. Die Nutzung dieser Wärme ist z. B. bei Heizungsanlagen, Motoren und Brennstoffzellen nicht möglich.

$H_U = 33{,}33$ kWh/kg $\triangleq 3{,}0$ kWh/m^3

Ion: Elektrisch geladenes Teilchen (positiv oder negativ), das aus einem oder mehreren Atomen besteht.

Kaltstartverhalten: Beschreibt das Anlaufverhalten von z. B. Motoren, Brennstoffzellen gleich nach dem Start des Gerätes (d. h. die optimale Betriebstemperatur ist noch nicht erreicht).

Katalysator: Stoff, der eine chemische Reaktion beschleunigt, ohne selbst verbraucht zu werden.

Katalysatorgift: Stoff, der die Wirksamkeit eines Katalysators unterbindet.

Kohlendioxid CO_2: Farb- und geruchloses Gas, das bei der Verbrennung beziehungsweise Umsetzung kohlenstoffhaltiger Substanzen entsteht sowie beim Ausatmen in die Umwelt gelangt. Pflanzen nehmen CO_2 auf und geben Sauerstoff in die Atmosphäre ab. Kohlendioxid gehört zu den so genannten Treibhausgasen, die zur Erwärmung der Erdatmosphäre beitragen.

Kohlenmonoxid: Giftiges, farb- und geruchloses Gas. Es bildet sich bei der unvollständigen Verbrennung kohlenstoffhaltiger Stoffe.

Kohlenwasserstoffe: Verbindungen, die nur Kohlenstoff und Wasserstoff enthalten.

Kryogenspeicherung: Flüssig-Wasserstoff-Speicherung

Leistungselektrolyseur: Elektrolyseur mit hoher Leistung (z. B. Kilowattbereich)

Leistungsdichte: Leistung eines Gerätes (z.B. Brennstoffzellen-Stack), bezogen auf Bauvolumen (in Kilowatt pro Liter) beziehungsweise Gewicht (in Kilowatt pro Kilogramm).

LH_2: Liquid Hydrogen - Flüssigwasserstoff

Metallhydrid: Speichermaterial für reinen Wasserstoff. Materialien dafür sind bestimmte Metalle bzw. metallische Legierungen, bei denen sich der gasförmige Wasserstoff ins Metallgitter einlagert. Das Gas wird unter Druck in einen Speichertank geleitet und bildet mit dem entsprechenden Metall chemische Verbindungen (es entsteht zusätzlich Wärme). Diese Verbindungen werden Metallhydride genannt. Die Reaktion ist reversibel, d. h. durch Zugabe von Wärme kann die Reaktion wieder rückgängig gemacht werden. So werden das Ausgangsmetall sowie Wasserstoffgas zurückerhalten. Die Vorteile dieser Speichermethode sind die Sicherheit des Speichers und die hohe Speicherdichte. Der Nachteil ist das hohe Gewicht des Speichermaterials.

Methanol: CH_3OH; klare Flüssigkeit mit markantem Geruch; giftig.
Methanol wird als flüssiger Brennstoff in der Direkt-Methanol-Brennstoffzelle eingesetzt. Aus Methanol kann durch Reformierung Wasserstoff hergestellt werden.

Molten Carbonate Fuel Cell (MCFC): Diese Zellen gehören zu den Hochtemperaturbrennstoffzellen (600 °C bis 660 °C). Der Elektrolyt ist dabei eine Alkalikarbonatschmelze. MCFCs ermöglichen eine Stromerzeugung mit hohen Wirkungsgraden. Als Brenngas kann nicht nur Wasserstoff verwendet werden, sondern z. B. auch Erdgas oder Biogas.

Oxidation: Reaktion, bei der Elektronen abgegeben werden. In der Brennstoffzelle wird ein Wasserstoffmolekül zu zwei Protonen oxidiert.

PEM: Proton Exchange Membrane (Protonen Austausch Membran); Polymer Electrolyte Membrane: Dies ist eine protonenleitende Polymerfolie, die bei PEM-Elektrolyseuren und PEM-Brennstoffzellen als Elektrolyt eingesetzt wird.

Phosphoric Acid Fuel Cell (PAFC): Bei dieser Mitteltemperaturbrennstoffzelle (160 °C - 220 °C) wird als Elektrolyt Phosphorsäure verwendet.

Polymer Electrolyte Membrane Fuel Cell (PEMFC): Brennstoffzelle mit protonenleitender Kunststoff-Membran als Elektrolyt. Die PEM-Brennstoffzelle arbeitet je nach verwendetem Elektrolyten im Temperaturbereich 60 °C bis 80 °C – Niedertemperatur PEMFC – oder 130 °C bis 200 °C – Hochtemperatur PEMFC. Als Brennstoff dient reiner Wasserstoff. PEM-Brennstoffzellen haben eine hohe Leistungsdichte und einen hohen Wirkungsgrad. Sie eignen sich insbesondere als Antriebsquelle für Automobile.

Primärenergie: Von der Natur direkt angebotene Energieform (z. B. Sonnenergie)

Proton: Positiv geladenes Teilchen mit einer Masse von $1{,}67 \cdot 10^{-27}$ kg

Reduktion: Reaktion, bei der Elektronen aufgenommen werden. In der Brennstoffzelle wird Sauerstoff reduziert.

Reformer: Reaktoren, die Methanol, modifiziertes Benzin oder andere Kohlenwasserstoffe in Wasserstoff, Kohlendioxid und in geringe Mengen Kohlenmonoxid umwandeln. Das Kohlenmonoxid wird von einem nachgeschalteten Katalysator zu Kohlendioxid aufoxidiert.

Reformierung: Umsetzung von Kohlenwasserstoffverbindungen zu Wasserstoff

Regenerative Energien: Siehe Erneuerbare Energien

Reihenschaltung (Serienschaltung): Bei einer Reihenschaltung sind mehrere Brennstoffzellen so hintereinander geschaltet, dass sich die Gesamtspannung durch jede Erweiterung mit einer weiteren Brennstoffzelle vergrößert.

Sekundärenergie: Diese Energieform wird durch die Umwandlung der Primärenergie bereitgestellt (z. B. Wasserstoff, Benzin).

Serienschaltung: Siehe Reihenschaltung

Solar-Wasserstoff-Technologie: Bei dieser Technologie werden die Solarenergie als Primärenergieträger und Wasserstoff als Sekundärenergieträger zu einem Energiesystem vereinigt.

Solid Oxide Fuel Cell (SOFC): Die SOFC gehört zu den Hochtemperaturbrennstoffzellen (800 °C bis 1000 °C). Der feste Elektrolyt ist eine Zirkonoxidkeramik. Als Brenngas kann nicht nur Wasserstoff verwendet werden, sondern z. B. auch Erdgas oder Biogas.

Stack: Einzelne Zellen (Brennstoffzellen oder Elektrolysezellen) zu einer Einheit zusammengefasst und elektrisch in Reihe miteinander verschaltet ergeben einen Zellenstapel, meist mit dem englischen Begriff Stack bezeichnet.

Stapel: Siehe Stack

Wasserstoff: Farb- und geruchloses Gas. Es ist das kleinste und leichteste Element des Periodensystems. Wasserstoff besteht aus einem negativ geladenen Elektron und einem positiv geladenen Proton. Wasserstoff ist zudem das häufigste Element innerhalb des Universums, doch tritt er aufgrund seiner Reaktionsfreude fast ausschließlich in gebundener Form auf. Beispiele sind Wasser (H_2O), Kohlenwasserstoffe wie Erdgas, das im Wesentlichen aus Methan (CH_4) besteht, und Erdöl.

Wirkungsgrad: Der Wirkungsgrad eines Systems (Anlage, Maschine u.s.w.) gibt an, wie viel der zugeführten Energie als tatsächlich nutzbare Energie das System verlässt.

Zersetzungsspannung: Um Wasser elektrolytisch in Wasserstoff und Sauerstoff aufzuspalten, muss die an den Elektrolyseur angelegte Spannung den Wert 1,23 V überschreiten. Unterhalb dieser Spannung findet keine Zersetzung statt.

Zweiter Hauptsatz der Thermodynamik: Freiwillig stellt sich immer nur ein Zustand mit geringerer Ordnung ein.

STICHWORTVERZEICHNIS

LINKS

www.dwv-info.de

www.energieportal24.de

www.fuelcells.org

www.h-tec.com

www.hydrogeit.de

www.hyweb.de

www.hzwei.info

www.solarserver.de

www.wasserstoff-autos.info

ABBILDUNGSVERZEICHNIS